FIRED HEATER OPERATION

가열로 운전

윤현진 저

가열로에 대한 지식과 경험이 전혀 없는 사람도 쉽고 재미있게 배울 수 있도록. 설계, 운전, 정비의 일련 업무 지식을 하나의 흐름으로 파악할 수 있게 주제와 구성을 만들었다. 기본 설계 지식부터 실무에 직접 활용 가능한 다양한 적용 사례 및 Troubleshooting 기법을 소개하였고, 예제 활용을 통하여 이해도 증진, 실무 응용 역량 향상 및 해결안 도출에 도움이 될 수 있도록 했다.

내하출판사

가열로(Fired Heater)에 대한 외부 강의를 하던 도중, '강의 내용을 책으로 만들어 더 많은 사람들과 공유해보고 싶다', '내가 하면 좀 더 많은 도움을 줄 수 있을 것 같은데?' 하는 생각이 들었다. 어느덧 35년간 산업체 근무를 통해 수많은 시행착오를 겪으며 어렵게 체득한 지식과 경험을 이제는 후배들에게 전달해야 한다는 일종의 의무감으로 책을 내기로 결정했지만, 과연 실제 대면 강의할 때처럼 내용이 쉽게 전달될 수 있을지에 대한 두려움과 고민이 많았다.

그러나, 국내외 현장에서 수많은 문제들을 해결하기 위해 실무 담당자와 협업하면서, 또 강의할 때마다 듣는 수강생들의 피드백은 그야말로 신선한 충격이어서 더 많은 공부를 하게 되었다. 실제 운전/정비 사례에 대한 질문과 시사점, 그리고 설계 개념과의 자연스런 연결이 이뤄지면서, 수강생들의 가열로에 대한 막연한 거리감을 하나씩 좁혀가는 모습을 보며 커다란 보람을 느꼈다. 여러 다양한 사례를 공유하고 토론하면서 실무에 직접적으로 도움이 되는 방안을 축적하게 되었다. 이러한 지식과 경험을 되도록 많은 분들과 공유해야 한다는 생각에 책으로 출판하게 되었다.

이 책은 가열로에 대한 설계, 운전, 정비 지식이 전혀 없는 사람도 쉽고 재미있게 배울 수 있도록, 실제 사례를 활용한 가열로 기본 설계 지식부터 시작해 실무에 직접적으로 활용할 수 있는 Troubleshooting 방법들을 다양하게 소개하였다. 그리고 계산 예제 활용을 통한 실무 응용 역량 향상 및 실제 사례 분석에 의한 이해도 증진과 해결안 도출에 직접적인 도움이 될 수 있도록 최선을 다했다.

깊이 있는 전문 지식과 기술 내용을 지면의 제약으로 모두 기술하지 못하고 주요 부분만 다루게 되어 아쉬움이 있지만, 깊은 이론보다는 실제적이고 다양한 해결책과 관련 지식을 평이하게 기술함으로서, 이 책에 기술된 기본적인 내용에 대한 이해를 바탕으로, 향후 여러분의 개별적인 심도 있는 공부에 도움이 되길 바란다.

이 책이 가열로에 대한 지식을 그저 습득하는 데 그치지 않고, 직접 실무에 적용함으로써, 가열로에 대한 성능 및 효율 향상 그리고 안전을 확보하는 데 도움이 되었으면 한다.

여러분만의 경쟁력 있는 성과를 거둘 수 있길 바라며,

2022년 8월

저자 윤현진

- 이 책은 API Code 내용을 참고하여 설명하였다.
- 가급적이면 원어 그대로의 의미를 전달하고자 원어를 직접 사용하였다.
- 책의 내용과 관련된 문의 사항은 저자 혹은 출판사로 연락주시기 바란다. (hjyoon1@uc.ac.kr)

:: CONTENTS

CHAPTER 02
주요 구성품 설계 개념 및 적용 방안 익히기

CHAPTER 03
SIS(Safety Instrumented System) 구성 설계 개념 파악하기

CHAPTER 04
Troubleshooting

APPENDIX 부록

FIRED
HEATER
OPERATION

CHAPTER 01

기본부터 차근차근, 가열로 설계 개념 파악하기

1.1 가열로의 양면성

가열로(Fired Heater)는 주로 정유공장, 석유화학공장, 발전소 등 산업체에서 연료 연소열을 활용하여 Tube 내 공정 유체의 온도를 원하는 온도까지 상승시키는 설비를 말한다. 범용 가열로는 API Standard 560을(아래 그림 1.1 참조) 기준으로 설계되며, Ethylene Furnace나 Hydrogen Reformer 등과 같은 가열로는 해당 Licensor 설계 기준을 따르게 된다. API 560은 정유 및 석유화학 회사, 가열로 설계/제작사, 엔지니어링 회사 및 Burner 등 주요 설비회사 기술자 모임을 통하여 가열로 전반에 대한 축적된 지식과 경험을 Code화한 것으로서, 1986년 초판 발행 이후, 지속적인 재개정 작업으로 현재 5th Edition(2016)이 최신판이다. API 560의 목적은 범용 가열로에 대한 구매 지침을 제공하는 것으로서, 가열로에 대한 설계, 재질, 제작, 검사 및 설치 등에 관한 최소한의 기계적 요구사항을 (Minimum Mechanical Requirement) 기술하고 있다.

Fired Heaters for General Refinery Service
API Standard 560, 5th Edition

그림 1.1 ┃ API 560 표지 내용

가열로는 Plant 운전의 핵심설비로서, Plant에서 사용하는 총 에너지의 약 60% 이상을 소모하기 때문에 효율 향상에 따른 연료 절감이 필수적이며, 또한 Flame 에 의한 열전달을 수행하는 설비이므로 자칫 조그만 실수나 오작동으로 인한 화재, 폭발 등의 대규모 사고로 이어질 수 있기 때문에, 올바른 지식과 축적된 경험에 기반된 운전 및 정비 지침이 적합하게 수행되어야 한다. 가열로는 최소한의 투자로 증량운전 및 효율 향상을 통한 대규모 비용 절감이 가능한 설비이지만, 반면에 조금만 소홀하여도 곧바로 대형 사고로 이어지는 위험한 설비이다. 그렇다고 무조건 Safety(안전)만 집착하게 되면, 'No Risk, No Money'처럼 기업의 궁극적 목적인 이윤 창출은 요원하게 되므로, 가열로에 대한 완벽한 이해와 개념 정립을 통하여 Safety도 충분히 확보하면서, 설비의 가용범위를 최대한 활용하여 원하는 이윤창출도 가능한 수준으로 운전되어야 한다.(그림 1.2 가열로 양면성 참조).

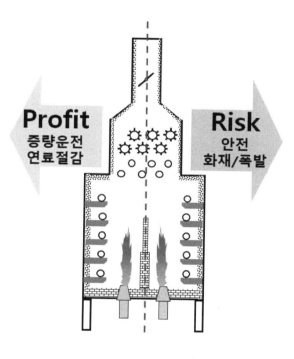

그림 1.2 ▍ 가열로 양면성

　가열로는 여러 구성품이 복합적으로 결합된 설비이기 때문에 Plant 운전 조건에 따라 맞춤(Customizing) 설계되므로, 구매 시 반드시 사용자가 원하는 요구사항을 상세하게 명시하여야만 그에 준하는 설비로 공급될 수 있으며, 또한 설계가 잘 된 가열로일지라도 원하는 운전 목표를 달성하기 위해서는 사용자 역시 각 구성 요소 설계에 대한 기본 지식이 충분히 갖춰져 있어야 한다.

참고로 가열로를 부를 때 Furnace, Reformer, Aromizer, Platformer 등 여러 가지 명칭이 있는데, 이는 가열로의 특성에 따라 이름이 부여된 것으로써, 가열로가 Reforming 또는 Platforming 공정에 사용되는 경우, Aromatic 제품 생산에 활용되는 경우, 그리고 Ethylene Furnace처럼 고온으로 운전되는 경우 등 가열로 개발자가 기존의 범용 가열로와 나름 차별을 두기 위해 처음 명칭을 그렇게 붙인 것이므로, 큰 의미를 두지 않아도 된다.

1.2 주요 구성 부품 용어 및 구조 살펴보기

가열로에 대한 이해를 넓히기 위해서는 우선적으로 가열로 주요 구성품의 용어를 숙지하여야 한다. 왜냐하면 기업 내 외부 구성원과의 기술적인 소통에서 무엇보다 필수적인 사항이 용어에 대한 통일이기 때문이다.

그림 1.3을 참조하여 각 부품에 대한 용어를 정리하면 아래와 같다. 참고로 그림 1.3은 왼쪽에는 Vertical Cylindrical Heater(Radiant Tube가 수직 방향으로 배열) 모습, 오른쪽에는 Horizontal Box Type Heater를(Radiant Tube가 수평 방향으로 배열) 각각 표시하여 서로 다른 Type의 가열로에 대한 상대적 시각적인 도해를 통하여 쉽게 이해하도록 배열하였다.

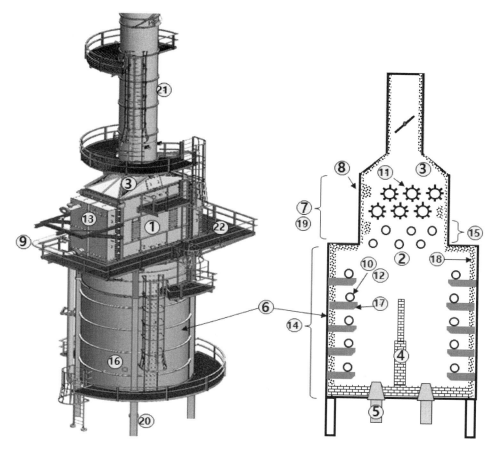

그림 1.3 ▌ 가열로 각 구성품

❶ Access Door

정비 작업 시 사람 및 공구 진입 목적이며, 내부는 노내 내화물 규격과 동일하게 설계되며, 무게 감소를 위하여 Ceramic Fiber와 같은 경량 내화물을 적용한다. Vertical Cylindrical Heater의 경우, Tube가 Wall을 따라서 촘촘히 배열되어 있기 때문에 Radiant Section의 Access Door는 Floor에 위치하게 된다. Horizontal Box Type Heater의 경우에는 Tube가 배열되지 않은 부위인 End Wall 쪽에 위치한다.

❷ Arch

복사부(Radiant Section)의 최상부 천장이며, 이곳에서 연소가 완료되므로 Excess

O$_2$ 측정용 Oxygen Analyzer가 설치되며, 또한 노내 Draft 수치가 최저인 지점이므로 Draft의 최적 관리 Point가 된다.

❸ Breeching

연소가스(Flue Gas)가 한곳으로 모아져 원활하게 Stack으로 빠져나갈 수 있도록 깔대기 역할을 수행하며, 일정한 경사(Slope)및 Convection Tube와 일정 간격이 유지되어야 한다.

❹ Bridgewall

원래는 화실(Furnace) 내 격벽(Separate Wall)의 개념이지만, Bridgewall Temperature라는 용어로 복사부 화실내 온도로 많이 통용된다.

❺ Burner

연료를 연소하는 설비로서, 연료의 분사 및 연소 공기와의 적절한 혼합(Mixing) 작용을 통하여 열량, 환경오염 방지 및 Safety 등 설계 연소성능을 보장하는 설비이다.

❻ Casing

단열 처리된 철판(6mm 두께)을 접합하여(Welding 및 Bolting) 가열로 외부를 구성하며, Wall은 82℃, Floor는 91℃기준으로 설계된다. 내화물 탈락 및 손상 시, Hot Spot 현상이 발생된다. Carbon Steel재질의 Casing 철판은 440℃까지 설계가 가능하지만, 270℃부터 산화(Oxidation) 손상으로 이어지므로, 평상시 주기적인 온도 측정 및 외부손상 유무를 관찰하여야 한다.

❼ Convection Section

대류부라고 하며, 고온의 Flue Gas가 통과하면서 Tube로 대류열을 전달하는 부위로서, 대류 열전달을 최대화하기 위하여 Tube의 표면적(Surface Area)를 증대 목적으로 Fin 형상을 Tube외부에 부착한 Fin Tube를 많이 사용한다.

❽ Corbel

Convection Tube는 대류 열전달을 최대화하기 위하여 삼각 Pitch형태로 배열되는데 Wall에 인접한 Tube의 경우 Flue Gas가 곧바로 지나가지 못하도록 Wall에 Dummy Tube 모양의 내화물 Block을 설치한다.

❾ Crossover

Convection Tube와 Radiant Tube를 연결시켜 주는 배관이며, Leak에 의한 화재방지 목적으로 주로 용접 Type으로 설계된다.

❿ Tubes

Radiant Tube를 말하며, Convection Tube와 달리 Fin이 없는 Bare 형태이고, 복사열에 의한 열교환이 이뤄질 수 있도록 복사부 Wall을 따라 1열로 배열된다.

⓫ Extended Surface

대류부 Tube의 Surface Area를 증대시킬 목적으로 Fin이나 Stud 등이 Tube 외부에 용접 장착된다.

⓬ Return Bend

배관의 U Bend와 동일한 개념으로 길이 방향의 각 Tube를 서로 연결하는 Fitting 이다.

⓭ Header Box

Tube의 용접부를 원활하게 검사 및 정비할 목적으로 U Bend 용접부위에 별도의 Bolt 조립 형태의 외부 Box를 장착한다.

⑭ Radiant Section

복사부를 말하며, Burner로부터 생성된 화염에 의하여 복사열이 골고루 Tube에 전달될 수 있도록 충분한 용적이 마련되어야 하며, 또한 복사열이 외부로 빠져나가지 못하도록 적절한 단열 내화물이 적용되어야 한다.

⑮ Shield Section

복사열을 차단(Shield)시켜, Convection Tube의 Fin을 고온의 복사열로부터 보호할 목적으로 최소 3열의 Bare Tube(Radiant Tube와 동일한 재질)가 배열되어야 한다.

⑯ Observation Door

Peep Door라고도 하며, 운전 중 화실 내부를 모두 관찰할 수 있도록 적절한 크기, 위치 및 개수가 설계 고려되어야 한다. 운전 중 노내에는 항상 부압(음압)이 유지되도록 설계되었기 때문에 Observation Door를 열고 육안으로 직접 노내 관찰이 가능하다.

⑰ Tube Support

Radiant Tube를 받쳐주는 설비이며, Tube와 달리 Tube내 유체에 의한 열교환이 이뤄지지 못하므로 노내의 고온에 견딜 수 있는 High Alloy로 설계·제작되어야 한다.

⑱ Refractory Lining

노내 열차단 목적으로 설치된 내화물이며, 재질 및 형태에 따라 Brick / Castable / Ceramic Fiber 종류로 나누어진다.

⑲ Tube Sheet

Convection Tube를 받쳐주는 역할을 하며, Shell & Tube 열교환기의 Baffle Plate와 같이 Convection Tube를 일정 간격으로 지지/유지하여 열교환이 원활하게 이뤄지도록 한다.

㉒ Pier

Pedestal이라고도 하며, 가열로를 지상으로부터 일정 높이를 유지하여 받쳐주는 Concrete 구조물이다.

㉑ Stack/Duct

Flue Gas를 이송하는 연결통로(Duct)와 배출하는 굴뚝(Stack)을 말하며, 충분한 공간 및 높이가 설계 고려되어야 운전에 무리가 없게 된다.

㉒ Platform

운전 중 노내 관찰을 위한 발판이며, 정비 시 각종 정비부품의 무게를 충분히 견딜 수 있도록 설계되어야 한다.

1.3 가열로 분류에 따른 명칭 및 용도 살펴보기

가열로는 Tube의 배열 형태에 따라 'Horizontal Heater' 그리고 'Vertical Heater'로 구분된다. 즉, Tube가 수평(Horizontal)으로 배열되면 Horizontal Heater 이고, Tube가 수직(Vertical)로 배열되면 Vertical Heater가 된다.(그림 1.4 Tube 배열에 따른 가열로 구분 참조).

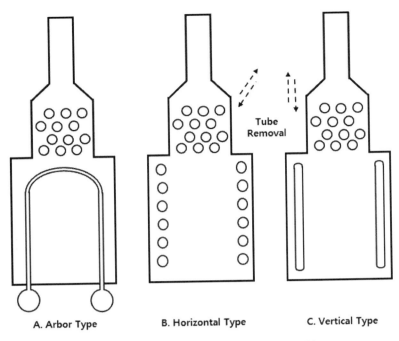

A. Arbor Type   B. Horizontal Type   C. Vertical Type

그림 1.4 ▌ Tube 배열에 따른 가열로 구분

위 그림의 A Type의 경우 Tube가 Arbor(고래 턱뼈) 형태로 배열되어 있는데, 이는 대용량의 Process Service를 처리함에 있어, 압력강하를 최소화할 수 있도록 (Process Compressor 가격을 최적화할 수 있음) 아래 그림 1.5와 같이 양쪽 Manifold에서 분지관을 통하여 유체의 흐름이 이뤄질 수 있도록 설계된 형태이며 주로 대용량 Platforming Process의 가열로에 적용되는 형태이다.

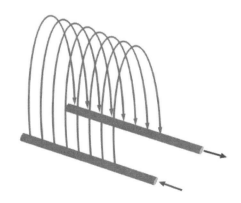

그림 1.5 ▌ Manifold 형태 Tube 배열에 의한 압력강하 감소

또한 외부 형태가 Box 모습이면 Box Type Heater, 깡통 모습이면 Cylindrical Heater, Radiant 상부가 오두막 지붕 형태로 경사진 모습이면 Cabin Type Heater 라고 부르게 된다.

가열로 설계 시, Tube 정비 작업을 위한 충분한 공간이 반드시 고려되어야 하는데, 특히, Horizontal Heater의 경우 Tube 교체 작업시 Tube가 밖으로 빠져나올 수 있도록 Tube Removal Area가 확보되어야 한다. 반면에 Vertical Heater의 경우에는 Tube를 수직방향으로 제거 및 설치가 가능하므로, 최소한의 정비 공간내에서 가열로 설치가 가능한 장점이 있게 된다.

그리고 Burner의 배열에 따라 나눠지기도 하는데, 아래 그림 1.6에 표시된 바와 같이 Burner 설치 위치에 따라, 왼쪽 그림과 같이 Burner가 Floor에 설치되면 Up Fired, 오른쪽 그림과 같이 Wall에 설치되면 Wall Fired로 구분된다. Wall Fired 의 경우, Tube가 복사부 내 중앙에 설치된 경우에는 Side Wall에 Burner를 배열 하며, Radiant Tube가 Side Wall을 따라 배열될 경우에는 Burner를 End Wall에 설치한다.

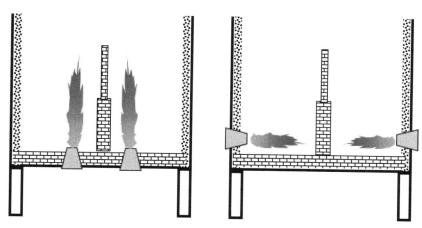

그림 1.6 ▌ Burner 설치 위치에 따른 가열로 구분

가열로 설계 주요 항목 이해하기

1.4.1 열전달

1) 복사, 대류, 전도 열전달

가열로의 열전달은 복사, 대류, 전도에 의하여 이루어진다. 여기서 가장 비중이 큰 열전달이 연료의 연소에 의한 Flame 및 Flue Gas에 의한 Tube로의 복사 열전달이며 그 다음으로 연소로 인하여 발생된 Flue Gas의 흐름에 의하여 대류열이 발생되고, 끝으로 Tube 재질의 성질에 따른 전도열이 Tube로 전달된다.

복사, 대류, 전도의 개념 이해를 쉽게 하기 위하여, 건식 사우나를 예를 들어 설명해보자. 목욕탕 사우나 문을 열고 들어가면, 맨 먼저 사우나 구석에 달궈져 있는 돌을 보게 된다. 이렇게 육안으로 달궈진 돌을 보았다는 것은 이미 뜨거운 돌로부터의 복사열이 내 몸으로 전달되었다는 의미이고, 따라서 몸이 금방 뜨거워짐을 느끼게 된다. 만약에 사우나 문을 열고 들어갔음에도 불구하고, 앞에 덩치가 큰 사람에 막혀 달궈진 돌이 보이지 않는다면, 내 몸은 앞 사람 그늘에 가려 복사열을 받지 못하여 차갑게 느껴질 수 밖에 없을 것이다.

앞 사람에 가려진 채로, 팔을 뻗어 아래위로 흔들면 팔이 뜨거워짐을 느낄 수 있는데, 이것이 바로 대류열이 전달되는 이치이다. 팔의 움직임에 의하여 사우나 내부의 뜨거운 기체가 팔과 접촉되면서 대류열이 전달되는 것이다.

오래 서있는 것이 불편해서 나무로 된 사우나 의자에 앉으면 어떻게 될까? 엉덩이가 약간 따스하게 느껴지지만 그리 뜨겁지는 않을 것이다. 바로 열전도도가 매우 낮은 나무로 의자가 만들어져 있기 때문이다. 만약에 의자의 재질이 나무가 아니고, 쇠로 되어 있다면 어떻게 될까? 상상하기도 싫을 것이다.

복사열은 흔히 태양열로 쉽게 예를 들 수 있는데, Electro-Magnetic Wave의 직선운동 열전달이 이뤄지며 매우 강력한 열전달 효과가 있다. 한 여름 뙤약볕에 서있다고 가정해보자. 복사열에 의해 금방 땀이 흐르고 지칠 것이다. 하지만 이렇게 강력한 복사열도 그늘 앞에서는 힘을 쓸 수 없게 되는데, 얇은 종이 한 장으로도 충분히 쨍쨍 내리쬐는 태양열을 가릴 수 있기 때문이다.

2) 복사, 대류 열전달에 따른 Tube 배열 방법

가열로 설계에서 복사열에 의한 열전달 비중이 가장 큰데, 이러한 복사열을 최대로 하기 위해서 복사열을 받는 Radiant Tube는 일정 간격을 띄워(서로 그늘에 겹치지 않게) 1열로 벽을 따라 균등하게 배열되어야 한다. 만약 조금이라도 인접 Tube나 주변 설비에 의하여 그늘이 생기게 된다면, 그만큼 Tube로 전달되는 복사열은 감소될 수 밖에 없게 된다. 반대로 Tube나 어떤 부품이 너무 비정상적인 복사열로 인하여 손상이 우려된다면, 내화물 등 그늘을 만들 수 있는 재질을 활용하여 복사열을 차단하면, 당장의 급격한 손상은 피할 수 있게 된다. 대류열은 고온의 Flue Gas의 흐름에 의해 직접 Tube와 접촉에 의해 발생되는데, 이렇게 접촉 면적을 크게 하기 위하여 Convection Tube는 Shell & Tube 열교환기 Tube와 같이 삼각 Pitch 형태로 배열된다.

아래 그림 1.7은 Flame에 의한 복사열과 Flue Gas 흐름에 의한 대류열의 열전달을 표시하고 있는데, 복사열의 의한 Tube 온도 변화와 대류열에 의한 Tube 온도 변화를 색깔로(짙은 색이 온도가 높음 - 복사열을 받는 Tube는 Flame에 가까운 곳만 짙은 색이고, 뒤에 위치한 Tube는 복사열을 충분히 받지 못하여 옅은 색을 띠게 됨) 알 수가 있다. 즉, 복사열을 제대로 받기 위해서는 1열로 균등한 간격으로 Tube를 배열하여야 하며, 대류열의 경우에는 삼각 Pitch 형태로 되도록 Flue Gas와 접촉이 증가되도록(Flue Gas와 Tube가 골고루 접촉되어 Tube색깔이 균일함) 배열되어야 하는 이유이다.

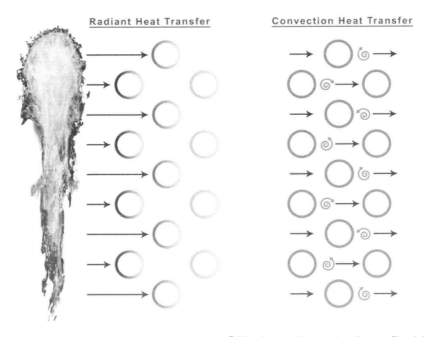

출처 : Sigma Thermal - Direct Fired Heaters

그림 1.7 ▌ Tube 배열에 따른 복사열, 대류열 열전달 비교

1.4.2 Heat Duty 개념 이해하기

가열로의 크기를 표기하는 방법은 여러 가지가 있겠지만, 외형적인 크기로는 가열로의 성능에 대한 정보를 제공할 수는 없으므로, 일반적으로 Heat Duty라는 개념을 적용하게 된다. 즉, 가열로라는 설비를 통하여 Process에 얼마만큼의 열을 전달할 수 있는지, 가열로의 활용 가능한 열교환 용량을 말한다. 예를 들면, 가열로의 연료로부터 발생되는 열이 아무리 크다 하여도, 열교환 효율이 낮게 되면, Tube로 전달되는 열은 적을 수 밖에 없을 것이다. 그러므로 가열로의 성능 및 효율은 축적된 경험과 설계 Know-How에 따라 좌우될 수 있다.

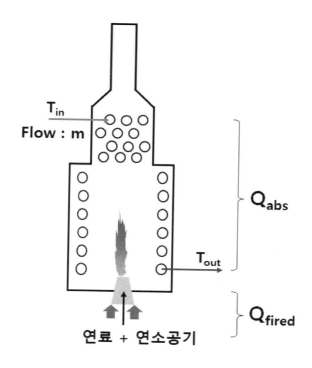

그림 1.8 ┃ 가열로 Process 유체 Heat Balance

위 그림 1.8은 가열로의 Heat Balance를 도식화한 것으로서, 가열로에서 Burner를 통하여 배출되는(Fired) 열량을 Q_{fired} 라고 하며, 이 열 중 Tube로 흡수되는(Absorbed) 열량을 Q_{abs}라고 표시하였다. 가열로에서 Tube로 흡수되는 총 열량 Q_{abs}, Process 유체의 성질(비열, C_p), Flow Rate(유량, m) 및 온도(T, T_{in} = Inlet 유체 온도, T_{out} = Outlet 유체 온도)에 따라 계산된다.

열량 계산식, $Q_{abs} = mC_p(T_{out} - T_{in})$ 식으로 부터, 비열, 유량, 온도의 크기가 변함에 따라, 가열로의 크기 및 Tube Size, 배열 상태 등이 결정되게 되는데, 여기에서 반드시 Up-Stream의 Pump나 Compressor의 가격 및 형태를 고려하여 Plant 전체적으로 어떻게 설비를 구성하는 것이 최적인지, Process 유체의 ΔP 및 유량 등을 종합적으로 고려하여 가열로 설계가 수행되어야 한다.

1) Heat Duty에 따른 경제성 계산하는 방법

정유공장의 일반적인 Crude Heater를 예로 들어, Heat Duty와 경제성 관계를 살펴보자. Datasheet에는 각종 설계자료가 표시되어 있는데, Heat Duty값이 20MMkcal/hr이라는 가열로를 예로 들어보자. 여기서 M이라는 것은 1,000의 약어로서, MM은 1,000,000을 표시한다. 먼저 동 가열로가 얼마만큼의 연료를 소모하는지 간략하게 계산을 해보자. 계산을 쉽게 하기 위하여, 연료로 B-C를 사용하고, B-C(Bunker-C Oil)의 열량은 10,000kcal/kg이라고 가정한다면(대략 생맥주잔 1,000cc에 B-C를 가득 채우면, 그 열량이 10,000kcal 정도임), 시간 당 B-C 소모량은 2ton이 되며, 하루 24시간이면 48ton이 소모되어야 한다. 이 가열로의 효율이 90%라고 하면, 20MMkcal/hr의 열량을 Tube에 주기 위해서는 하루에 53ton (=48/0.9)이 소요되어야 한다(매일 대형 Tank Lorry 2대가 상시 연료를 공급하는 것임). 이것을 1년으로 환산하면 19,467ton/yr가 되며, B-C 단가가 1,000원/kg라고 하면, 년간 총 연료비로 195억 원을 사용해야 된다는 결과가 도출된다.

위의 간략한 계산을 통하여 Heat Duty의 숫자와 연료비의 개념을 연결시킬 수 있다. 즉, 가열로의 효율을 1% 정도만 향상시킬 수 있다면, 년간 2억 원 정도의 경비절감은 무난하다는 결론에 도달하게 된다.

2) 효율 계산하는 방법

그렇다면 어떻게 효율을 향상시킬 수 있을까? 이를 위해서는 먼저 가열로 효율을 계산하는 방법을 알아야 할 것이다. 효율은 연료에서 발생되는 열 중 얼마나 많은 열이 Tube로 전달되는지에 대한 비율 수치이고, 이를 계산식으로 표시하면 아래와 같다.

$$\eta \ (\%) = (Q_{abs} \ / \ Q_{fired}) \times 100$$

상기 식에서 Q_{fired}는 연료 사용량에 연료의 발열량을 곱하면 쉽게 얻어질 수 있지만, 문제는 Q_{abs}값으로서, 가열로와 같이 Tube내부에서 2 Phase Flow(Liquid 상태와 Vapor 상태가 서로 혼합된)로 흐르는 유체의 경우에는 C_p값이 각 구간별로(Liquid 상태의 비율과 Vapor 상태의 비율이 Tube구간에 따라 상이함) 상이하여 계산이 아주 복잡하므로 Computer Program이 없이는 계산이 거의 불가능할 것이다. 효율이 경제성과 많은 연관이 있는데, 그렇다면 Computer Program없이 효율을 계산하는 방법은 없을까?

분자의 Q_{abs} 값을 계산하는 대신에, Q_{abs}는 결국 전체 Q_{fired} 값에서 Stack이나 Casing을 통해서 외부로 빠져나가는 열량을(Q_{loss}) 뺀 값이 되므로, 아래와 같이 변형된 식으로 계산될 수도 있게 된다.

$$\eta \ (\%) = \{(Q_{fired} - Q_{loss}) \ / \ Q_{fired}\} \times 100$$

여기에서 Q_{loss}는 Stack으로 빠져 나가는 열과 Casing을 통하여 빠져나가는 열로 구분된다. Stack으로 빠져나가는 Gas Phase의 Flue Gas의 성분에 따른 Enthalpy 값을 구하여, Q_{abs}를 직접 계산하는 것 보다는 좀 더 손쉽게 접근할 수 있게 된다. 또한 Casing을 통하여 빠져 나가는 Heat Loss는 Air Preheater System 이 갖춰진 가열로의 경우는 약 2.5%, Air Preheater가 없는 Natural Draft Heater 는 약 1.5%의 효율 감소를 적용하면 된다.

그러나, 실제 운전을 담당하는 운전원의 입장에서는 Flue Gas의 성분 분석에 의한 Enthalpy 계산도 다소 복잡할 수 있으므로, 비록 소수점 아랫자리의 숫자에서는 미미한 차이가 있을 수는 있겠지만, 좀 더 편리하고 신속한 방법이 필요할 것이다. 아래 그림 1.9 Graph는 Stack으로 빠져나가는 Flue Gas의 온도와 Excess Air(과잉공기) %만 알면 효율을 구할 수 있는 Chart 이다. 예를 들면 Flue Gas의 온도가 약 200℃(≒400℉) 일 때, 그래프 상의 점선을 따라가면, 효율은 약 89%가 (Radiation Loss 2% 고려) 된다.

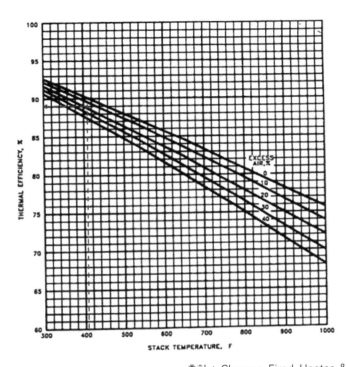

출처 : Chevron Fired Heater & WHB Manual

그림 1.9 ▎ Stack온도 및 Excess Air 함량에 따른 효율 Graph(Radiant Loss 2% 감안)

통상적으로 Excess Air 양이 10% 씩 감소할 때, 효율은 1% 상승하며, Flue Gas 온도가 20°C 감소할 때마다 효율은 1% 상승한다.

실제 운전 상황에서 효율 계산 방법을 아래의 예제를 통하여 알아보도록 하자.

예시 실제 운전되고 있는 가열로의 운전 변수가 아래와 같을 때, 효율은 얼마로 예상되는가?

운전상황 → Flue Gas 온도 : 240°C, Excess O_2 : 3%

상기 운전 상황에서의 효율 값을 쉽게 구하기 위해서, 설계 값과 얼마나 차이가 있는지 알아볼 필요가 있으므로, 먼저 Datasheet에 표시된 설계 효율값과 설계효율에서의 Flue Gas 온도 및 Excess Air 값을 찾아야 한다.

❖ **Datasheet**

가열로 효율 : 90%, Flue Gas의 온도 및 Excess Air : 200°C 및 20%

운전 값과 설계 값을 각각 비교하면, 설계 Flue Gas 온도보다 40°C가 높으므로 효율은 2% 감소, 그러나 Excess Air가 설계치 20% (4% O_2) 대비 15% (3% O_2) 이므로 효율은 0.5% 향상. 따라서 Total 효율 증감은 1.5% 감소하므로, 현재 운전되는 가열로의 효율은 88.5%(90-1.5)로 추정할 수 있게 된다.

1.4.3 Excess Air에 대한 이해와 연소 반응식 살펴보기

1) Excess Air가 필요한 이유

연소는 연료를 산소와 결합시켜 반응열을 발생시키는 화학 반응이다. 간략하게 연소 방정식을 만들어 보면,

$$H/C \ (Hydrocarbon) \ + \ O_2 \ \rightarrow \ CO_2 \ + \ H_2O \ + \ Heat$$

그러나, 위 화학 방정식에는 실제 현실 세계에 반드시 존재하는 거리와 시간의 개념이 없다. 즉, 연료와 산소가 아주 멀리 떨어져 있더라도, 몇 년이 걸리더라도 위 방정식은 항상 성립한다는 논리이므로, 이것은 이론적으로는 가능할런지 몰라도 현실 세계에서는 발생되기 어려울 뿐만 아니라, 간혹 발생되더라도 너무 비경제적이고 불안정한 반응일 수밖에 없게 된다. 아래 그림 1.10에 표시된 바와 같이, 연료는 고체, 액체, 기체의 순으로 연소하기 쉬운 형태로 선정되어야 하고, O_2 또한 경제성을 위하여 가격이 비싼 순수 O_2보다는 대기를 활용하여야 할 것이고, 또한 이것이 효율적으로 Mixing 되어야만 비로소 연소 반응이 이뤄질 것이다.

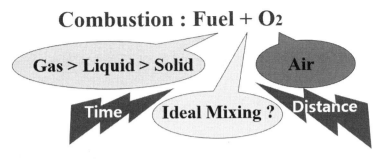

그림 1.10 ▮ 연소 반응의 현실적 제약성

예를 들어 아주 잘 연소되는 연료와 산소가 있는데, 이것이 서로 10 meter 이상 떨어져 있다고 가정하면, 비록 반응식에서는 연소가 이뤄지는데 아무런 제약이 없는 반면에, 실제로는 연소가 일어나기 매우 어려우며, 설사 일어난다 하더라도 오랜 시간이 경과되거나 불안정한 연소로 인하여 일반 산업체에서 요구하는 신속하고 일정한 열량 공급이 불가능하게 된다. 따라서, 실제 안정적인 연소가 이뤄지기 위해서는, 첫 번째로 연료와 산소가 충분히 빠른 접촉이 이뤄져야 하고, 두 번째로 좀 더 빠른 접촉을 위하여 산소의 농도를 과잉으로 더 증가시킬 필요가 있게 된다. 첫 번째 방법을 위하여 고안된 설비가 Burner라는 것이고(Burner 설계 Know-How는 연료와 연소공기의 Mixing을 얼마나 효율적으로 수행하는지에 달려있다고 할 수 있음), 두 번째 방법을 충족시키기 위해서 Excess Air라는 개념이 등장하게 된다. Burner의 기계적 특성 등 제반 사항에 대해서는 2장에서 좀 더 상세하게 다루기로 하고, 우선 Excess Air에 대한 개념을 먼저 이해할 필요가 있겠다.

현실적으로 값이 비싼 순수 산소(O_2)를 사용하여 대용량의 연료를 연소하는 것은 비경제적이므로, 통상적으로 대기를 연소공기로 활용하게 된다. 그러나 대기는 21%의 산소와 79%의 질소로 이뤄져 있기 때문에 (Excess Air와 Excess O_2는 21% 산소 비율에 따라 대략 5:1의 비율로 산정됨, 즉 15% Excess Air는 약 3% Excess O_2), 연소될 수 없는 질소는 연소 반응에 참여하지 못하고 연소 반응 후에도 그대로 미반응된 질소로 남게 된다. 앞에 기술한 대로, 원하는 빠른 시간내에 안정적인 연소에 의한 원하는 열량을 얻기 위해서는 꼭 필요한 반응 연소 공기양보다 일부러 조금 더 많이(Excess) 연소공기를 공급하는 것이 필요한데, 이럴 경우 원래 목적했던 연소 속도의 향상과 안정적인 연소는 이룰 수 있지만, 대신 연소반응에 참여하지 못하는 차가운 연소공기가 과잉으로 더 많이 공급되는 것이므로, 도리어 노내 온도를 차갑게 하는 결과를 초래하게 된다. 즉, 과도한 Excess Air로 인하여 아래 그림 1.11에 표시된 것과 같이(위 점선 그래프), 열효율이 감소하게 된다. 따라서 Excess Air를 적정하게 공급하여 불완전 연소로 발생되는 CO를 최소화하고, Excess Air에 의한 연료 Loss를 최소화하는 영역에서(Optimum Combustion Zone) 운전되도록 하여야 한다.

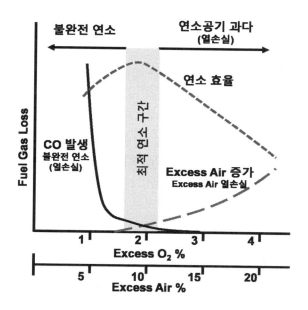

그림 1.11 ▌ Excess Air와 연소효율 상관관계

연소속도 향상을 위해서 무조건 Excess Air양을 증가시키면 연소효율이 빠르게 감소되므로, 적정량을 투입하여야 하는데, 통상적으로 Gas Firing의 경우 5~15%, Oil Firing의 경우 10~20%의 비율로 Excess Air 양 설계 기준이 된다.

2) CH₄ 연소 반응식 살펴보기

먼저, 연소 반응에 대한 개략적인 이해를 돕기 위하여 메탄(CH_4)이,

- 이론적으로 완전 연소될 경우
- Excess Air가 공급될 경우
- 그리고 불완전 연소가 발생되는 경우

에 대하여, 간단한 그림으로 연소 반응식을 도식화 할 필요가 있다.

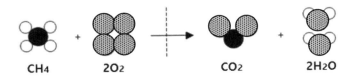

위 반응식과 같이 메탄이 산소와 결합하여 CO_2와 H_2O를 생성하게 된다. 여기에서 Excess Air의 개념을 도입하게 되면

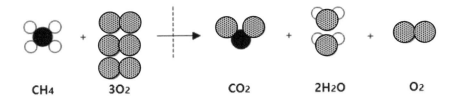

로 반응식이 표기되며, 여기에서 연소 반응 후, 반응 전에 잉여로 공급했던 O_2가 그대로 남게 된다. 즉, 잉여로 공급된 O_2는 반응 자체에는 기여하지는 못했지만, 반응 시간을 단축시켜 현실적인 연소가 가능하게 기여를 한 셈이다.

가열로 운전에서 Excess Air 양을 수치적으로 산정 및 Monitoring하는데 어려움이 있으므로, 통상적으로 Excess O_2 값을 관리하게 된다. 따라서, 연소 반응이 완료된 부위에(복사부 Arch 부위) O_2 Analyzer를 설치하여 얼마나 잉여 O_2가 발생되

었는지를 측정하여, 설계된 Excess Air가 제대로 운전에 반영되고 있는지를 관리할 수 있게 되는 원리이다.

상기 연소 반응식에 덧붙여, 불완전 연소가 발생되는 경우를 가정하면,

로 표기될 수 있으며, Carbon이 생성되기 때문에, 불완전 연소 시 그을음이 발생되는 것을 직접 육안으로 확인할 수 있게 된다.

1.4.4 가열로 내부에서 발생되는 열전달 이해

아래 그림 1.12는 연소에 의한 반응열이 어떻게 Tube로 전달되는지 각 번호 부위별 열전달 분포 및 비율을 표시한 자료로서, 전체 효율이 85%로 가동되는 수치를 보여주고 있다.

복사부에서 60%, 대류부에서 25%의 열전달이 이뤄지고, Stack 및 Casing Loss가 13% 및 2%로 각각 표시되어 있다. 특히 Stack으로 빠져나가는 고온의 Flue Gas에 의한 Loss가 가장 크므로, 이렇게 비효율적으로 빠져나가는 에너지를 적절하게 회수하기 위한 방법으로 Air Preheater와 같은 열교환기를 별도로 장착하여 Burner로 공급되는 연소공기 온도를 상승시켜, 연료절감에 의한 전체 효율을 3~5%정도 증대할 수 있게 된다. 특히 가열로가 대용량일 경우에는 연료비 비중이 높기 때문에, 반드시 Flue Gas 폐열을 회수하는 설비가 필수적으로 설치되어야 한다.

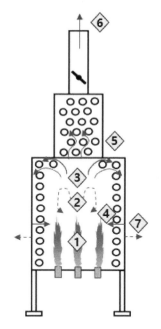

1	Flame에 의한 복사열	15%
2	Flue Gas에 의한 복사열	30%
3	Flue Gas흐름에 의한 대류열	5%
4	내화물에 의한 복사열	10%
	Radiant Section 열전달 합계	**60%**
5	Flue Gas흐름에 의한 대류열	25%
	가열로 열전달 합계	**85%**
6	Flue Gas 열손실	13%
7	Casing 열손실	2%
	총합계	**100%**

그림 1.12 ▌ 가열로 내부 주요 부위별 열전달 분포 비율

1) Burner 용량에 따른 최소 이격 거리 살펴보기

일반적으로 Flame의 크기가 커지면 Flame에 의한 직접 복사열이 증가될 수 있지만, Tube에 Flame이 근접함에 따라 (복사열량은 거리의 제곱에 반비례함), Flame Impingement 현상으로 인한 Tube 손상의 위험성이 커지게 된다. 이러한 위험성 때문에 Burner를 설계할 때에는 반드시 API 560 Code에 따라 Burner 용량에 따른 Tube와의 최소 이격 거리가 준수되어야 하며, 또한 복사부 천장(Arch)부위의 높이도 일정거리 이상 유지되도록 설계되어야 한다(특히 Low NOx Burner 설치시에는 Flame 높이가 상대적으로 높게 유지되므로, 가열로의 높이가 적정한지 검토 및 확인되어야 함). 그러나 API 560은 가열로 설계에 대한 최소한의 요구 사항만 명시하여 놓은 Code이기 때문에, 이것만 만족한다고 해서 모두 운전에 문제가 없다는 의미는 아니다. 사용 연료, Plant 운전 Skill, 공장 위험도, 운전·정비 경험 Data 등의 사용자 고려 사항을 종합적으로 고려하여 충분한 설계 여유값이 반드시 가열로 설계에 반영되어야 한다. 참고로 아래 그림 1.13에 Burner와 가열로 주요 부위간 간격을 Table

및 Graph로 표기하였고, Table 자료는 API 560 최소 준수 거리이며, Graph의 아래 선은 API 560, 윗선은 Major 석유회사의 요구 사항을 비교하여 표시하였다.

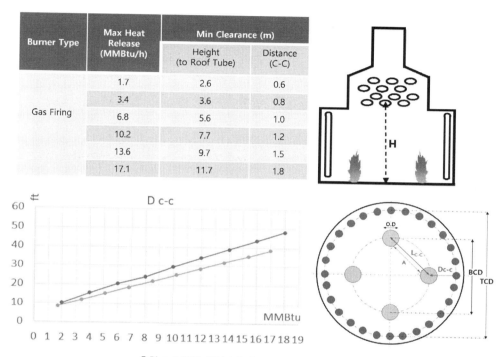

Burner Type	Max Heat Release (MMBtu/h)	Min Clearance (m)	
		Height (to Roof Tube)	Distance (C-C)
Gas Firing	1.7	2.6	0.6
	3.4	3.6	0.8
	6.8	5.6	1.0
	10.2	7.7	1.2
	13.6	9.7	1.5
	17.1	11.7	1.8

출처 : AFRC 2014 Industrial Combustion Symposium, Bechtel Corp.

그림 1.13 ▌ Burner 용량 대비 가열로 내부 주요 부위 최소 이격 거리

상기 자료 이외에도, 가열로에서 Burner의 열용량에 따른 적절한 이격 거리에 대한 간편 계산식으로 아래와 같은 Rule of Thumb(간편 계산법)이 많이 통용되고 있다.

A = 1 inch / MMBtu

Lc-c(inch) = 2 * O.D

Dc-c(ft) = Q/4 + 1.5~2

- A : Burner Tile 간 이격 거리 (inch)
- Dc-c : Burner 중심과 Tube 중심간 이격 거리 (ft)
- Lc-c : Burner 중심 간 이격 거리 (ft)
- Q : Burner 열용량 (MMBtu/h)

운전 중, Flame의 최대 허용 크기는 설계된(통상적으로 Flame의 높이는 가열로 복사부 높이의 2/3를 넘지 말아야 함) 범위 내에서 운전되어야 하며, 대신 복사부 열전달의 30% 비중을 차지하는 Flue Gas에 의한 복사열을 최대화하기 위하여, Flue Gas가 충분히 유동할 수 있는 공간확보가 필요하다. 만약에 Flame이 비정상적으로 비대하게 되면, Flame에 의한 직접 복사열은(15%) 증가될 수 있으나, Flame 증가로 인한 Flue Gas 유동 공간이 상대적으로 감소되므로, Flue Gas에 의한 복사 열전달(30%)이 감소되어, 결과적으로 전체적인 복사열 열전달 효율은 급격하게 줄어들게 된다.

Flame과 Tube간 이격거리에 따라 Tube에 미치는 복사열이 상이하게 되는데, Flame에 의한 직접 복사열은 Flame과 Tube의 이격 거리 제곱에 반비례하므로, 이격 거리가 충분히 유지되어 Flame에 의한 직접 복사열(15%)의 영향을 최소화하는 대신에(그렇지 못할 경우, Flame Impingement발생에 의한 Tube 과열로 이어질 수 있음), Flue Gas에 의한 복사열이(30%) 골고루 전달되도록 설계되어야 한다.

2) 열흡수를 방해하는 요소 살펴보기

연소 후 고온의 Flue Gas는 온도 부력에 의하여 복사부 내부에서 빠르게 상승하며 Tube로 열전달이 이뤄지면서 Flue Gas 온도는 점차로 낮아지므로, 아래로 하강 흐름을 형성하게 된다. 이러한 Flue Gas의 상승과 하강 흐름으로 인하여, 고온의 Flue Gas가 복사부에 오랫동안 머물면서 충분한 열전달이 이뤄지도록 설계하여야 한다.

만약에 아래 그림 1.14의 오른쪽과 같이 Burner와 Tube 간격이 너무 좁게 유지되는 가열로는 Flue Gas가 충분하게 노내에서 순환되지 못하고 곧바로 빠져나감으로서, Flame에 의한 직접 복사 열전달만(15%) 유효하고, Flue Gas 순환에 의한 복사열의(30%) 손실이 불가피할 수밖에 없게 된다.

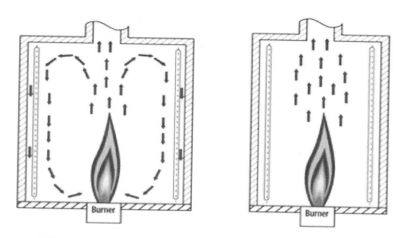

그림 1.14 ▮ Burner와 Tube 간 거리 차이에 의한 열전달 비교

또한, 복사열을 받지 못하는 Tube 뒷면으로는 온도가 낮은 영역이 유지되면서 Flue Gas의 빠른 하강 흐름이 형성되어 Flue Gas에 의한 대류열이 전달된다. 따라서, Flue Gas의 적절한 흐름이 유지할 수 있도록 충분한 공간이 확보되어야 하는데, 아래 그림 1.15와 같이 내화물 표면과 Tube외면의 이격 거리는 Tube의 외경만큼 떨어져야 한다. 만약에 가열로 내화물 보수 작업 등으로 지나치게 내화물 두께가 증가되거나, 아니면 부분적으로 두께가 상이한 부위가 존재할 경우에는 Flue Gas의 흐름을 방해하는 요인이 되므로 그림 1.12에 3번 항목으로 표시된 5%의 대류열을 잃게 될 수도 있다.

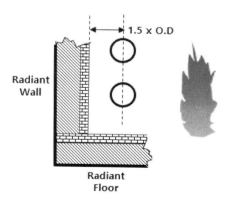

그림 1.15 ▮ Tube와 내화물 간 적정 거리 유지

3) 복사부 Tube 배열과 Heat Flux와의 관계 살펴보기

Burner와 Tube간 이격 거리를 어느 정도 유지한다고 해도, Flame에 의한 직접 복사열 영향은 피할 수가 없는데, 즉 Flame에서 가까운 Tube와 먼 Tube간 복사열 열전달 양은 차이가 날 수 밖에 없게 된다. 아래 그림 1.16은 직접 복사열에 의한 복사열 분포를 표시한 것인데, Flame에서 가까운 Tube는 Heat Flux(열밀도, 복사열을 Tube면적으로 나눈 값)가 상대적으로 증가되고, 반면에 Flame에서 먼 Tube는 감소되는 경향을 보여주고 있다.

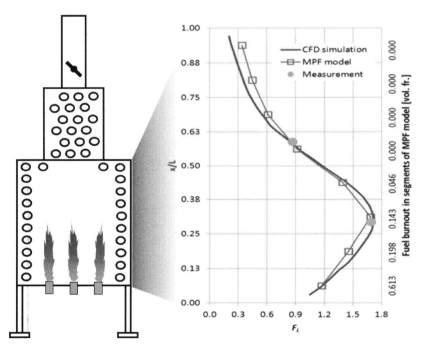

출처 : Science Direct, Standards for Fired Heater Design
그림 1.16 ▌ Flame 직접 복사열에 의한 Heat Flux 분포

가열로 구조상 불가피하게 발생되는 이러한 현상을 감안하여, 실제 가열로 설계 시 Radiant Tube 배열에 신중한 접근이 필요하다. 예를 들어 Heat Flux값 분포 불균형과 상관없이, 균등하게(Symmetrical) Pass 배열을 하였다면, 비록 Flow는 Even하게 맞출 수 있을지 모르겠지만, Flame에서 가까운 곳에 배열된 Pass의 경

우, 항상 타 Pass에 비하여 높은 온도를 지시하게 될 가능성이 높다.

따라서, 아래 그림 1.17과 같이 Flame에 의한 직접 복사열 Heat Flux의 영향을 덜 받도록 Thermal Balance를 고려하여 Tube Pass배열을 개선시키는 방안을 고려하는 것이 필요하다. 즉, 왼쪽 Tube Pass 배열에서는 Flame에 의한 직접 복사열의 영향으로 Pass 번호 #2, 3번 Pass Tube의 Process 온도가 #1, 2 보다 상대적으로 높게 지시될 가능성이 높게 되므로, 오른쪽 Tube Pass 배열과 같이 개선하여, 모든 Pass의 Tube가 균등한 이격거리 범위 이내에서 Flame에 노출되어, 상대적으로 Pass 별 Tube 온도를 균일하게 유지할 수 있도록 설계 반영하는 것이 필요하다.

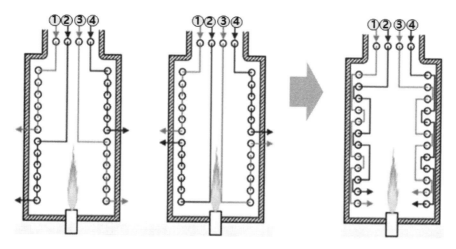

출처 : Furnace Improvement Service

그림 1.17 ▎Flame 직접 복사열을 고려한 Tube Pass 배열 개선

4) Tube 과열(Hot Spot) 원인 살펴보기

간혹 운전 중 Tube의 과열(Hot Spot) 현상이 발생될 수 있는데, 대부분의 원인은 설계 불량 혹은 운전/정비 불량에(연료 성분의 급격한 변화, 운전 Load의 급격한 변화, Burner Tip 막힘 혹은 소손 등) 의하여 Flame에 의한 직접 복사열이 Tube외면으로 과도하게 전달되어, Tube 내부를 흐르는 Process(Hydrocarbon) 유체의 Hydrocarbon Coke를 형성하기 때문이다. 이렇게 Coke가 형성되기 시작하면 급격하게 Coke의

두께가 증가되고, 빠른 시간 내에 Tube 과열로 이어지게 된다.

아래 그림 1.18의 왼쪽은 정상운전 상태에서(Tube 내부 Process 유체의 온도는 400℃, 화실 온도는 900℃)의 Tube Metal 온도(450℃)를 표시한 것이고, 오른쪽 그림은 Coke 침적으로 인하여 Tube Metal 온도가 750℃까지 상승된 경우이다. Tube 내면에 Coke가 형성되어 침적되면, Coke에 의한 단열작용으로 인하여 열전달이 이뤄지지 못하게 되므로, Tube의 Metal 온도는 급격하게 상승하게 되며, 심한 경우에는 단시간 내에 Tube Rupture로 이어질 수도 있다.

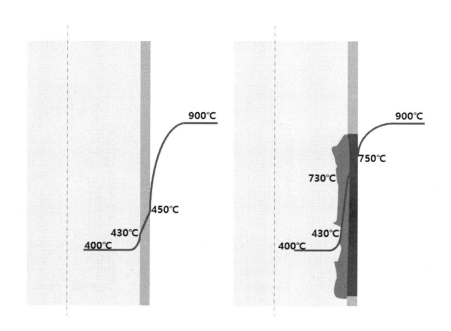

그림 1.18 ▌ Coke 침적에 의한 Tube Metal 온도 변화

아래 그림 1.19는 Ethylene Furnace의 Tube 과열 상태를 촬영한 것이며, Tube 색깔이 밝은 부위가 Hot Spot 지점이다. 참고로 Ethylene Furnace의 경우, Tube 내부 과도한 Coke 침적에 의한 Tube 손상을 방지하고자 주기적으로 De-Coking 운전을 통하여 Coke를 제거할 수 있도록 Steam-Air De-Coking 방안이 설계 반영되어 있다.

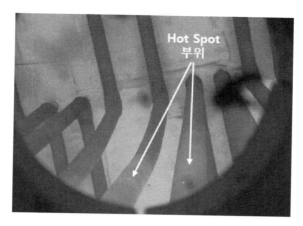

그림 1.19 ▌ 가열로 운전 중 Hot Spot Tube 부위

5) Tube 온도 계산하는 방법

가열로에서 가장 높은 비중의 설계 고려 요소 중의 하나가 Tube 온도이다. 연소에 의한 고온의 반응열이 얼마만큼 안전하고 효율적으로 Tube로 전달될 수 있는지가 가열로 설계의 중요한 관건이 된다. Tube 재질 및 두께 등 상세 설계 사항에 대해서는 후반부에 다시 설명하겠지만, Tube의 Metal 온도는(Tube Metal Temperature - TMT) 어떻게 산정되고, 가열로 Heat Duty에 따라 개략적으로 얼마만큼의 온도 상승 영향이 있는지 직접 계산식을 활용하여 상관관계를 이해하는 것이 필요하다.

Tube의 온도는 아래와 같은 식으로 계산된다.

$$\mathbf{T}_{max} = \mathbf{T}_p + \Delta \mathbf{T}_f + \Delta \mathbf{T}_c + \Delta \mathbf{T}_m$$
$$= \mathbf{T}_p + \mathbf{F} \times \mathbf{Heat\ Flux}$$

즉, Tube 내부 Process의 온도에다(T_p) Tube 내면의 얇은 유체 Film의 열전달(ΔT_f), Process 유체의 Coke 침적으로 인한 Coke의 열전달(ΔT_c), 그리고 Tube 재질에 의한 열전도 사항을(ΔT_m) 모두 합하여 계산되는데, Process 온도는 쉽게 얻을 수 있지만, 나머지 항목은 아주 복잡한 계산식에 의존하여야 한다. 그런데, 복잡한 식을 관찰해보면 하나의 비례상수를 찾을 수 있는데, 그것은 Heat Flux 값에다

어떠한 Factor값을(F) 곱한 것과 유사하다는 것이다.

따라서, 가열로를 직접 설계하는 실무자가 아닌, 단순히 사용하는 입장에서는 굳이 복잡하게 일일이 계산 과정을 수행할 필요는 없고, 대신에 신속하게 현재 진행되고 있는 운전에 대한 판단 기준만 있으면 충분히 만족할 수 있을 것이다.

예를 들어, 가열로의 Heat Duty를 불가피하게 120%로 증량 운전해야만 하는 상황에 직면하였을 경우, 과연 Tube의 온도는 얼마만큼 상승될지 간략하게 계산 해보자.

- 설계 Datasheet 값 : Process 온도 = 360°C, TMT = 420°C,
  Heat Flux = 30,000kcal/m^2

  Factor 값을 구하기 위하여 : 420 = 360 + F × 30,000, F = 0.002

- 120% 증량 운전 시 : T = 360 + 36,000 × 0.002 = 432°C
  ← Heat Duty가 120% 증가되었으므로, Heat Flux도 120% 증가됨
  (Tube Area는 변함없음)

여기서 주의하여야 할 사항은 120% 증량 운전에 따른 Flame 증가에 의한 직접 복사열의 영향 및 Flame Impingement 등의 고려 사항은 무시하고 계산된 이론적인 값이기 때문에 실제 운전값과는 차이가 있을 수 있다는 점이다. 상기 간략한 계산식을 통하여, TMT(Tube Metal Temperature)값과 Heat Duty와의 상관관계를 이해할 수 있으며, 운전변수 변화에 따른 TMT값 예상값을 쉽게 구할 수 있게 된다.

또한 많이 통용되는 Rule of Thumb 방법 중의 하나는 아래 식과 같다.

$$\text{TMT}_{avg} = T_{in} + 0.75(T_{out} - T_{in}) + 125°F$$

운전 변수 및 상황에 따라 취사선택하여 사용하면 된다.

1.4.5 Draft

가열로는 연료를 연소하기 때문에, 연소에 필요한 연소 공기의 공급과 Flue Gas의 배출이 적절하게 이뤄져야 한다. 예전에는 동네마다 목욕탕이 하나씩 있었는데, 목욕탕에는 항상 높은 굴뚝이 자리하게 된다(그림 1.20 참조).

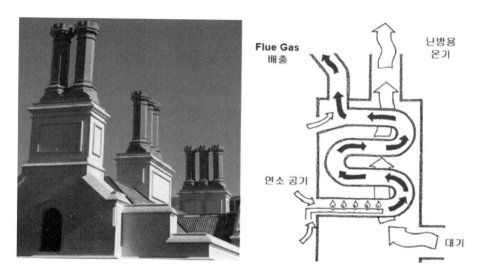

그림 1.20 ▌ 굴뚝을 통한 Flue Gas의 이동

그러나, 요즘에는 스포츠센터 등 대규모 목욕시설이 들어섰음에도 불구하고, 높은 굴뚝이 보이지 않는 것은 보일러 등 설비가 고도화된 이유도 있겠지만, 높은 굴뚝을 통하여 Flue Gas를 배출하는 방법 대신에, 송풍기를 활용하여 적절하게 배출할 수 있도록 설계된 이유일 것이다. 가열로 역시 과거에는 거의 모두 높은 Stack이 천편일률적으로 구비되었지만, 요즘에는 송풍기와 Common Stack이 합쳐져 비교적 단순한 설비 배치가 가능하게 되었다.

1) Draft 계산 방법

먼저 굴뚝 높이에 의한 연소공기의 공급과 Flue Gas의 배출 원리를 알아보면, 굴뚝이 높을수록(높을수록 기압이 낮아짐) 그리고 Flue Gas의 온도가 높을수록(높을수록 부력이 증가됨) 연소공기의 공급과 Flue Gas의 배출이 원활하게 되며, 아래와 같은 식에 의하여 요구되는 압력 값을 계산할 수 있다.

$$D = 0.52 \ H_s \ P \ (1/T_a - 1/T_g)$$

D = inch W.C(Water Column), Hs = Stack Height(ft), P = P_atm(psi),
$$T = °R=460+°F$$

따라서, 겨울철에 운전이 잘되던 가열로가 여름철에 외기온도가 높아짐에 따라 Stack Damper를 많이 열어도 Flue Gas 배출이 어려운 상황이 발생되는 이유이다.

또 한가지 예를 더 들면, 과거 오래전에 난방연료로 연탄을 사용했는데, 해마다 연탄가스(CO)로 인한 중독사고가 자주 발생되곤 했다. 특히 흐리거나 비가오는 날에는 사상자가 더 많았는데, 그 이유는 대기압의 변화로 인하여 굴뚝에서 빨아들이는 압력(D)이 충분하지 못해 연소공기 공급이 부족해지면서 불완전 연소된 CO Gas가 발생되고, 이것이 굴뚝을 통하여 원활하게 배출되지 못하고, 구들장의 틈새로 스며들면서 CO 중독을 일으켰기 때문이다.

2) Draft 방법에 따른 가열로 구분 및 운전 영향 살펴보기

연소공기의 공급과 Flue Gas의 배출 방법에 따라 아래 그림 1.21과 같이, Natural Draft(자연부압), Forced Draft(강제송풍), Induced Draft(흡기부압), Balanced Draft(송풍·흡기부압) 형태로 나눠진다. 참고로 가열로에서 Forced Draft 형태는 초소형 가열로에 간혹 적용된다(내압에 견디도록 대형 구조물 설계로 인한 초기 투자비가 비경제적으로 상승되기 때문). Induced Draft Fan(IDF)을 채택하는 이유는 Air Preheater 등 가열로 후단에 열회수 설비가 설치되어 Flue Gas를 배출하기 위한 충분한 흡입력을 제공해야 하는 경우와 Flue Gas의 온도가 충분히 높거나 Flue Gas의 양이 커서 Flue Gas의 열을 회수하기 위한 대형 Convection Section에서의 압력강하를 Cover 하기 위함이다. 예를 들면, Ethylene Furnace의 경우, 노내 Flue Gas온도가 일반적인 가열로보다 상당히 높으며, 가열로 Heat Duty가 크기 때문에, Flue Gas

로부터 충분히 열을 회수하기 위하여, 대용량의 Convection Section이 설계되고, Flue Gas의 압력강하를 충분히 이겨낼 수 있도록 IDF가 필요하게 된다.

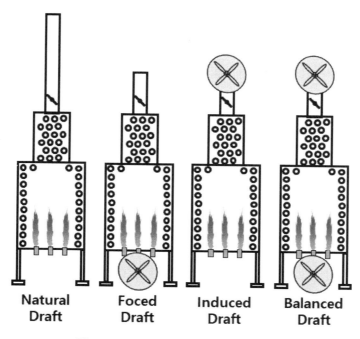

그림 1.21 ▌ Draft 형태에 의한 가열로 구분

여기서, Draft의 의미를 다시 한 번 고찰해보면 가열로에서의 Draft란 노내부 압력과 외부 대기압의 차이를 수치로 표시한 값이다. 그러므로 엄밀히 말하면 Draft는 + 혹은 - 로 표시하기 보다는 절대값으로 표시하며, 노내부는 항상 음압으로 설계되므로, 외부 대기압에 비하여 절대수치 만큼 압력이 낮게 유지된다는 의미이다. 그러나 사용자 입장에서는 절대값으로 표시하면 이것이 정압(+)인지 음압(-)인지 혼동의 우려가 있으므로, 통상적으로 Draft 값에 -를 붙여 표시하게 된다.

Draft가 충분하지 못할 경우에는 Stack으로 부터의 빨아들이는 힘이 부족하다는 의미이므로, 연소공기 부족 및 Flue Gas 배출 위험성을 초래하게 된다. Draft에 대한 이해를 돕기 위해, 간략한 예제를 통하여 Heat Duty와 Draft간의 상관관계를 알아보자.

예시 설계 Heat Duty에서의 Draft 값이 200mmH₂O라고 가정할 때, 가열로를 120%로 증량 운전한다면, Draft 값은 얼마나 변화될 것인가?

유체의 흐름은 Bernoulli(베르누이) 공식에 따라 결정되므로,

$$P_A + \rho g h_A + 1/2 \rho v_A^2 = P_B + \rho g h_B + 1/2 \rho v_B^2$$

따라서, 압력은 유속(Heat Duty에 비례)의 제곱에 비례하므로, 120% 증량운전시 예상되는 Draft = 200mmH₂O x (1.2)² = 288mmH₂O

3) Draft 측정 방법 및 계기 영향 살펴보기

Draft는 mmH₂O 단위의 아주 미세한 압력을 관리해야 하기 때문에, 측정 계기 및 운전 변수 적용에 많은 관리 요소가 수반되어야 한다. 즉, Draft값 측정에 대한 적절한 계기가 마련되어야 하고, 외부환경에 따라 변동이 심한 Draft값에 대한 신뢰도도 안전 운전에서 중요한 고려 사항이 된다. 먼저 측정값의 정확도에 대하여 일반 압력측정 계기로는 미세한 측정이 불가능하므로, 별도의 Manometer 형태의 계기가 많이 사용된다. Manometer는 U 자관 형태로 한쪽은 Process쪽, 다른 한쪽은 대기에 노출된 Reference Point로 구성된다. 여기에서 우리가 측정하고자 하는 값은 유체 흐름에 의한 순수한 압력 값이므로, 아래 그림 1.22와 같이 Static Pressure에 의한 영향 값은 제외되도록 Pitot Tube를 사용하여 Velocity Head를 측정하게 된다.

Vapor 유량 측정을 위해 설치되는 Pitot Tube의 경우, 간혹 Static Pressure Tap이 막혀있거나, 흐름에 빗대어 설치되는 경우, 실제 압력 값을 측정하지 못하는 경우가 많이 있다. 따라서, Draft와 같이 미세한 값을 측정하는 계기의 경우, 반드시 초기 설치 주의 사항 및 정비관리 사항을 점검하는 것이 필요하다.

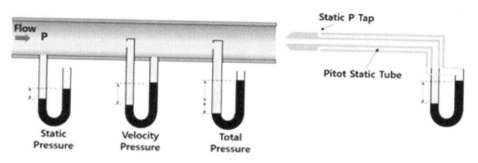

그림 1.22 ▌ 유체의 속도와 Head 상관관계 및 Pitot Tube 측정 원리

 가열로에서 Draft 측정을 위한 Manometer 설치 사례를 보면, 정상적인 상태에 서는 아래 그림 1.23의 오른쪽 그림과 같이 Flue Gas의 속도(V)에 의하여 Manometer 지시 값은 부압을 표시하게 된다(중간 확대 그림). 그러나, 맨 왼편 그림 과 같이 Manometer의 Process 측정 Point가 경사지게(고온 장시간 노출로 Sensing Probe가 아래로 휘어짐) 설치되거나, 아니면 아예 처음부터 Flow 방향을 향하여 설치 된 경우를 가정해보면, Flow의 속도 영향에 의하여 Draft값에 측정 오류가 발생된 다(음압으로 지시되어야 함에도 불구하고, 정압으로 표시되거나, 잦은 Hunting값을 표시하게 됨).

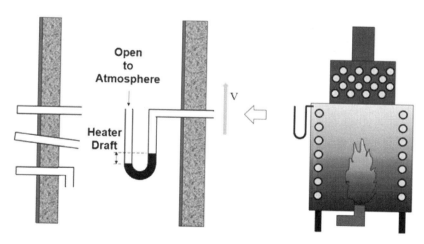

그림 1.23 ▌ Manometer 설치

4) Draft Graph 그리는 방법 및 간편 계산 이해하기

가열로 각 부위별로 Draft값을 표시하면 아래 그림 1.24와 같이 그래프 형태로 그려지게 되는데, 중간 그래프는 절대압력을 psi 단위로 표시한 것이고(가열로 높이에 따라 대기압이 점점 낮아짐), 마지막 그래프는 높이에 상관없이 대기압을 일정하게(0) 유지하고 대기압 대비 노내 압력의 차이(Draft)를 inch W.C 단위로 표시한 것이다.

여기에서 0을 중심으로 가열로 각 부위에서 좌측으로 선이 형성된 것은 해당 부위를 통과하면서 압력강하가 발생된 것이고(예: 연소공기가 Burner를 통과하면서 압력 강하 발생, Stack Damper를 통과하면서 압력강하 발생), 우측방향의 선은 Flue Gas의 온도에 의한 부력 및 Stack 높이에 의한 Draft 용량(빨아들이는 힘)을 나타낸 것이다.

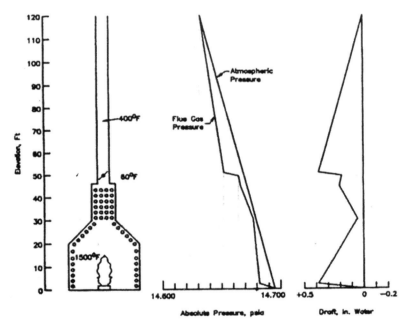

출처 : Chevron Fired Heater & WHB Manual

그림 1.24 ▌ 가열로 각 주요 부위별 Draft Profile(Natural Draft, Floor Fired)

Draft Graph에서 Draft가 가장 적게 걸리는 부위는 복사부 맨 위쪽 Arch 부위인데, 가열로의 Draft를 관리한다고 하였을 때, 이곳만 잘 관리한다면 나머지 부위는 자동으로 부압이 걸리는 조건이 되므로, 가열로 운전에서 가장 중요한 Draft

관리 부위가 된다. 이곳의 Draft가 너무 많이 걸리게 되면, 자동적으로 나머지 부위 역시 과도한 Draft가 형성되게 되므로, 외부공기 유입이 증가되어 가열로 효율이 저하될 것이고, 거꾸로 정압이 형성되었다면 연소공기 유입 부족과 Flue Gas 배출 불량으로 인하여 불완전 연소 및 Flame Out에 의한 노내 미연소 연료의 축적으로 가열로 폭발로 이어질 위험성도 있게 된다.

만약에 Draft 측정 계기 불량 혹은 오류 등으로 특정 부위에 대한 Draft 값 측정이 불가능할 경우에는 아래 Rule of Thumb 식을 활용하여 개략적인 Draft 값 예측이 가능하다.

$$D_{floor} = 0.01 \times H_{rad} + D_{arch}$$

예를 들어, 복사부의 전체 높이가 20 ft 이고, Arch 부위에서의 Draft 값이 0.1 inch H_2O라고 가정할 때, Floor에서의 Draft 값은 얼마가 될지, 아래 식을 활용하면 간단하게 계산될 수 있으며, 예상 값은 약 0.3 inch H_2O가 됨을 알 수 있다.

5) Draft 조절하는 방법 및 Excess O_2 상관관계 이해하기

Draft에 의하여 연소공기의 공급과 Flue Gas의 배출이 이뤄지게 되므로, 적절한 Draft를 유지하기 위해서는 가열로의 연소공기 공급 설비(Burner)와 Flue Gas 배출 설비(Stack) 간의 Balance가 잘 맞아야 하고, Balance 유지를 위한 Control 장비로 Burner 쪽에는 Air Register라는 일종의 Damper가 설치되고, Stack 쪽에는 Stack Damper가 설치된다. 기본적으로 Air Register를 닫으면 연소공기가 감소하고, Stack Damper를 열면 Flue Gas 배출이 증가되는데, 각 Damper의 Opening에 따라 연소공기 및 Draft의 상관관계가 변동된다. 아래 표 1.1은 왼쪽 각 주어진 운전 상황에 대하여 오른쪽에 어떻게 조치를 취하는지를 보여주고 있다.

표 1.1 ❙ 운전 상황 별 Stack Damper 및 Air Register 조정

가열로 운전	조치 사항
High O_2 + High Draft	Close Stack Damper
Low O_2 + Low Draft	Open Stack Damper
High O_2 + Low Draft	Close Air Register
Low O_2 + High Draft	Open Air Register

예를 들어, 첫 번째 'High O_2 & High Draft' 상황일 경우, 조치사항은 'Stack Damper를 닫는다' 이지만, 만약에 Air Register를 닫는다고 가정하면 어떻게 될까? Air Register를 닫음으로 해서 High O_2는 해결되겠지만, High Draft는 도리어 더 악화될 것이다.

그렇게 되면 또다시 Stack Damper를 닫아야 하는 추가 조정이 필요할 것이고, 긴급 상황에서는 시간 지연 및 운전 변수의 악화 등으로 인하여 위험한 상황으로 전개될 가능성도 있기 때문에, 최소한의 조작으로 최단 시간 내에 운전을 정상화 시키는 방법을 작업표준으로 채택해야 한다.

참고로 아래 표 1.2는 상기 표 1.1의 기본적인 Control 개념에 준하여 Balanced Draft(FDF-Forced Draft Fan 및 IDF-Induced Draft Fan) 가열로에 대한 Draft 및 Excess O_2 관리 Flow Chart를 보여주고 있다. Trial & Error 형식으로 운전절차를 표시하고 있지만, 가능한 최소한의 조작으로 운전을 정상화 시킬 수 있는 최적의 절차를 작업표준에 반영할 수 있도록 하여야 한다.

표 1.2 ▌ Draft 및 Excess O_2 조정 Flow Chart(Balanced Draft 가열로 기준)

Start

Check Draft

High (1) | On Target | Low (2)

Check O_2 | Check O_2

High or On Target | Low | High | Low or On Target

Slightly Close ID Damper | Slightly Open FD Damper | Slightly Close FD Damper | Slightly Open ID Damper

Return | Return

Check O_2

High | On Target | Low

Slightly Close FD Damper | Slightly Open FD Damper

Return | Return

Good Operation

출처 : John Zink Burner School

6) 가열로 주요 구간별 Draft 증감 분포 이해하기

이번에는 Balanced Draft 가열로에 대하여 각 부위별로 과연 Draft 값이 어떻게 분포 및 증감되는지 알아볼 필요가 있다. Balanced Draft를 구비하고 있다는 것은 Flue Gas의 폐열을 회수하기 위하여 별도의 Air Preheater 설비가 갖춰져 있다는 의미이다. 따라서 Air Preheater를 들고나는 연소공기와 Flue Gas에 대하여 충분한 압력으로 밀고 당기는 힘이 공급되어야 하고, 이를 위해 FDF(Forced Draft Fan)와 IDF(Induced Draft Fan)이 설치된다. Balanced Draft 가열로에서는 Draft 값이

Burner를 중심으로 정압과 부압으로 나눠지는데, FDF로부터 정압으로 연소공기를 밀어내어 Burner의 좁은 Throat 부위를 통과하면서 연소공기의 속도가 증가되어 연료와 혼합이 잘 이뤄지게 함으로써 연소효율이 상승된다. Burner에서 연소된 Flue Gas는 IDF에서 빨아들이는 압력으로 인하여 IDF 전단까지 부압의 환경으로 유지되며, IDF를 지나 Stack의 높이에 의해 Flue Gas는 외부로 배출된다. 아래 표 1.3은 Balanced Draft 가열로 의 각 부위별(가로축) Draft값을(세로축) 예시로 표시하고 있다.

표 1.3 ▎ Draft Type 별 노내 각 주요부위 Draft 값 (예시)

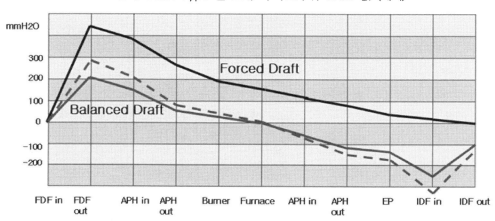

아래 실선으로 표시된 선이 Balanced Draft 가열로인데, 실선이 정상적인 상태이고, 점선으로 표시된 것은 과도하게 FDF 및 IDF를 운전하는 상황에서 발생되는 현상을 표시하였다. 비록 전체적인 Draft Balance는 맞추었지만, 과도한 운전으로 인하여 효율이 저하되고(과도한 Draft 형성으로 외부공기 유입량 증가) 운전비가 증가되는 현상을(과도한 Fan 가동으로 전기료 상승) 보여주고 있다. 위에 표시된 실선은 가열로와는 달리 통상적으로 정압으로 운전되는 Boiler의 운전 Data를 표시한 것인데, FDF만으로 연소공기를 Burner에 공급하며, Stack으로 Flue Gas를 배출할 때까지 계속 FDF의 송출압력이 작용되는 경우를 예시하고 있다.

7) 가열로와 보일러 운전 압력 차이점 이해하기

참고로, 보일러는 왜 정압으로 설계되고, 반면에 가열로는 왜 음압으로 설계될까?

먼저 효율 측면에서 보면, 정압으로 운전되면 외부공기 유입에 의한 효율저하 현상이 발생되지 않아 가열로 대비 열효율이 더 높게 된다. 그러면 왜 가열로를 정압으로 설계하지 않을까? 가열로의 경우 정압으로 설계하면 압력에 견딜 수 있도록 Casing 및 Structure 등 대형 구조물의 두께가 엄청 두꺼워져야 되며, 초기 투자비용이 증가되게 되기 때문에, 경제성을 고려하여 비록 약간의 효율 손실을 감수하더라도, 얇은 Casing에 내화물을 덧댄 설계 방법을 채택하게 된 것이다. 반면에 Boiler는 아래 그림 1.25에 표시된 것과 같이, 구조상 Tube가 Membrane 형태의 튼튼한 Panel로 용접된 구조로 조립되기 때문에, 정압이 걸리더라도 구조적으로 충분히 압력을 견뎌낼 수 있도록 이미 설계되어, 효율 향상을 위해 정압으로 운전된다.

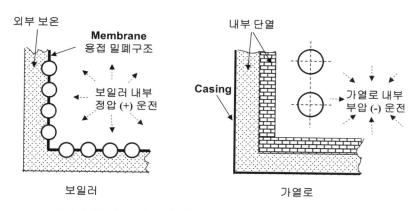

그림 1.25 ▌ Boiler 및 가열로 구조 및 노내 운전 압력 비교

8) Draft, Excess O_2 관련 종합 문제 풀어 보기

이제 앞서 배운 기본적인 지식을 바탕으로 가열로 운전에서 Draft 변동에 따른 Excess O_2, 노내 온도, 효율 등의 운전 변수가 어떻게 변동되는지 실제 사례를 통하여 각 운전 변수 간 상관관계를 살펴보도록 하자.

A) 정상 운전 상태(Standard)로부터 A와 같이 Air Register를 약간 닫으면?
B) A 상태에서 B와 같이 Stack Damper를 약간 닫으면?

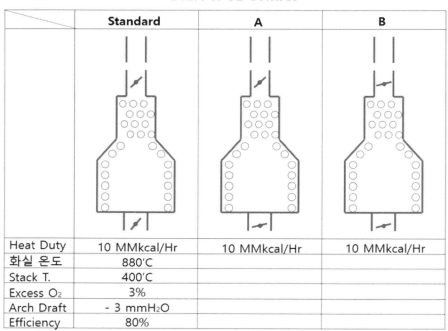

Draft & O2 Control

	Standard	A	B
Heat Duty	10 MMkcal/Hr	10 MMkcal/Hr	10 MMkcal/Hr
화실 온도	880'C		
Stack T.	400'C		
Excess O_2	3%		
Arch Draft	- 3 mmH$_2$O		
Efficiency	80%		

그림 1.26 ▌ Draft 및 Excess O_2 변동에 따른 주요 운전 값의 변화

먼저 A 상태에 대하여 분석을 해보면, Air Register를 약간 닫았으므로, 우선 Excess O_2는 감소될 것이다. 차가운 연소공기 양이 감소되므로 화실온도는 상대적으로 상승될 것이다(Heat Duty는 일정하다고 가정하였으므로 연료량은 동일). Stack Damper는 여전히 열린 상태로 유지되기 때문에(빨아들이는 힘은 지속되기 때문에) 상대적으로 노내부에 음압이 증가될 것이다. 반면에 Heat Duty가 일정하게 유지되기

위해서는 연소공기 감소로 인하여 감소된 Flue Gas로 Tube에 동일한 열전달을 해야 하므로 Stack으로 빠져나가는 Flue Gas의 온도는 상대적으로 낮아질 것이다. 따라서 효율은 증가될 것이다.

그 다음으로 A에서 B 상태로 분석을 해보면, Stack Damper를 약간 닫게 되면, 전체적인 Draft Balance는 맨 왼쪽의 정상 운전 상태와 유사하겠지만, Stack에서 빨아들이는 힘이 감소되므로 상대적으로 Burner에 공급되는 연소공기 공급이 약간 감소할 것이다. 그러면 A 상태와 마찬가지로 화실 온도는 A에 비하여 더 상승할 것이고, 동일한 Heat Duty를 유지하기 위해 Flue Gas의 열이 Tube로 더 많이 공급되어야 하므로, Stack의 Flue Gas온도는 더 하강할 것이고, Stack온도 감소에 따라 효율은 상승될 것이다.

1.4.6 Instrument Control

가열로는 여러 구성품이 복합적으로 구성된 설비이기 때문에 Hardware적으로 타 설비에 비하여 복잡도가 상대적으로 클 수밖에 없지만, 운전 측면에서도 운전 변수 값이 복잡할 수밖에 없다. 따라서 이렇게 다양한 운전 변수가 서로 상호 작용되기 때문에 계기에 의한 제어 System이 적절하게 구비되어, 안정적이고 탄력적인(외적 요인 변화에 대한 대응) 운전이 가능하도록 설계되어야 한다. 만약에 사용자 회사의 가열로 Standard나 구체적인 Specification이 불충분하거나, 구비되지 않은 경우에는 API RP(Recommended Practice) 556를 따르는 것을 추천한다. 계장 설계에서 무엇보다 최우선적으로 고려하여야 할 사항은 Safety이며, 그 다음으로 Operability(운전편의성)이 될 것이다. 특히 요즘에는 APC(Advanced Process Control) 개념이 많이 도입되어, 최적의 운전 변수 유지와 향후 운전에 대한 예측이 가능한 수준으로 발전되고 있는 추세이다.

통상적인 가열로의 Control System은

- Process 유체 (그림 1.27)
- 연료와 연소공기 (그림 1.28)
- Draft (그림 1.29)

로 구분되는데, 기본적으로 설치되는 계기 및 Control Scheme은 아래 그림 1.27, 1.28, 1.29와 같이 각각 표시될 수 있다.

1) Process 유체(유량, 압력, 온도 제어)

Multi-Pass Flow인 경우, 설계적으로 Even하게 Distribution 되도록 Mechanical Design에 문제가 없는지, 그리고 계기 선정 및 설치 위치는 문제가 없는지(Header 에서 Symmetrical하게 분지되지 않고, Manifold에서 분지되는 경우 Flow의 편심현상이 발생할 수 있으므로 주의해야 함) 기본적인 점검사항을 Check 하는 것이 좋다.

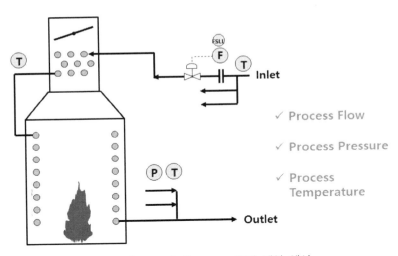

✓ Process Flow

✓ Process Pressure

✓ Process Temperature

그림 1.27 ▌ Process 유체 제어 예시

2) 연료와 연소공기(연소공기 유량, 연료압력, Pilot Gas 압력 제어)

가열로 제어에서 가장 중요한 것 중의 하나가 연료 Flow Control인데, 특히 연료로 Process에서 나오는 Off-Gas를 사용하는 경우, Hydrogen(H_2) 함량 변화에 따른 열량 및 연료압력 변화 등으로 가열로 운전이 쉽지 않은 경우가 발생되곤 한다. 이러한 문제점을 완화시키기 위하여 연료 성상 변화를 미리 감지하여 운전에 반영하는 Feedforward Control Scheme이 통상적으로 적용된다. 연료 성분을 실시간으로 분석하는 것은 정교한 계기와 노력이 많이 요구되므로, 현실적인 방안이 되지 못하는데, 다행히 연료(Fuel Gas)의 밀도만 알면 발열량 예측이 가능하므로(밀도와 발열량은 비례관계임), 요즘 상대적으로 저렴하고 편리한 Density Analyzer를 설치하여 Feedforward Control을 용이하게 적용하고 있는 추세이다.

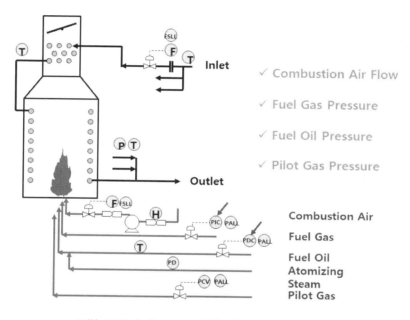

그림 1.28 ▌ Process 유체 및 연료계통 제어 예시

3) Draft(Draft, Flue Gas 온도 제어 및 대기환경 오염 물질 Monitoring)

Draft 및 Excess O_2는 미세한 단위로 측정되는 값이므로, 이 변수 값으로 Stack Damper Opening이나 연소공기 제어를 수행하는 경우, 과도하게 Hunting되는 운전 변수와 바람 등 외란에 의한 일시적인 변수 값을 적절하게 Filtering하는(평균값 혹은 Time Delay 적용 등) 것이 필요하다.

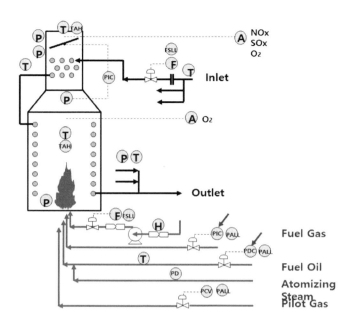

그림 1.29 ▌ Process 유체, 연료계통 및 Flue Gas 제어 예시

계기의 Type, 성능, 설치 방법이나 위치에 따라 측정값이 변동될 수 있으므로, 계기 선정 및 설치 시에는 반드시 구매요구 사항 및 설계지침을 확인하여야 한다. 특히 계기 선정 및 신뢰도가 아무리 적정하다 해도, 설치 위치가 잘못되어 엉뚱한 값을 읽거나, 혹은 지시값 요구 시간(Response Time) 등이 요구사항을 만족하지 못 하는 경우에는, 비효율적이고 안전에 위해되는 요소로 작용될 수 있다. 또한 정비 작업 시 Sensing Point의 막힘이나 설치 방향, 위치 부적절한 사례에 대해서도 Historical 운전 Data를 바탕으로 수정작업이 반드시 이뤄져야 한다.

적절한 계기 선정에 의한 효과는 아래 그림과 같이 곧바로 경제성 향상과 안전 운전의 결과를 나타나게 된다. 즉, 변동 폭이 큰 운전 변수가 빈번하게 발생되는 경우에는 이것을 관리하기 위한 추가 인력과 설비가 뒷받침되어야 하기 때문에, 비용 상승과 안전에 대한 Risk가 증가될 수밖에 없을 것인데 반하여, 측정값이 Steady하게 안정 범위 이내에서 정상적으로 유지된다면, Emergency 상황을 제외 하고는 별도의 관리가 필요치 않을 것이며, 더군다나 Steady한 운전값이 상방 Limit값에 근접되어 지속적으로 운전될 수 있다면, 효율적인 운전을 통하여 더 많은 Profit 창출이 가능하게 된다(아래 그림 1.30 참조). 안전 운전을 위한 SIS(Safety Instrumented System) 설계에 대해서는 후반부에 다시 상세 설명하도록 하겠다.

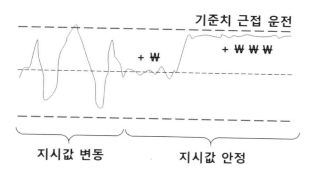

그림 1.30 ▌ 제어 개선을 통한 경제성 향상 예시

1.4.7 Datasheet 읽는 방법 및 주요 설계 항목 해석하기

Datasheet는(그림 1.31, 1.32, 1.33 참조) Process 설계 조건 및 가열로 각 구성품의 설계 결과물을 축약하여 기입한 것으로써, 정상 운전에 대한 관리 기준 뿐만 아니라, Datasheet에 명시된 설계 자료를 기준으로 역설계(Reverse Engineering) 과정을 통하여, 관리 기준을 벗어나는 비정상적인 운전 조건에 대해서도 어느 정도 운전 변수 예측을 가능하게 해준다.

아래 Datasheet 1 페이지 상단 Total Heat Duty는 33.365MMkcal/hr로 표시되어 있는데, 이는 Tube에서 흡수되는 열량을 표시한 것이고, 효율이 90%라면 Fired Heat Duty는 약 37MMkcal/hr(Heat Duty/0.9)가 될 것이다. 33.365MMkcal/hr는 Radiant Section 및 Convection Section에서 각각 32.4, 0.965MMkcal/hr씩 흡수된다. Convection Section이 Process와 MP Steam중간에 기입된 이유는 Process Pre-heating 부위와 MP Steam생산 부위가 같이 대류부에 있기 때문이다. 다음으로 Heat Flux 값이 기술되어 있는데, Average 값은 Radiant Heat Duty를 Radiant Tube 표면적으로 나눈 것이고, Max Heat Flux는 복사열을 받는 Tube 표면적만(Tube에서 직접복사열을 받는 부위는 전체 360도 구간의 반인 180도 구간임) 고려한 수치이다.

Process 유체는 323°C로 대류부로 유입되어 복사부에서 393°C로 배출되고, MP Steam은 191°C로 대류부로 유입되어 250°C로 배출된다. 효율은 90%로 표시되어 있고, 화실온도는 860°C, Air Preheater 입/출구 Flue Gas 온도는 각각 380, 171°C이다.

FIRED HEATER SPECIFICATION SHEET

			REV	①	②	③	④	MADE
CLIENT :			BY	KAC	KAC			CHKD
PROJECT TITLE :	HEAVY OIL UPGRADING PROJECT		CHKD					APV'D
JOB NO. :			APVD					DATE
DOC NO. :			DATE	MAY 90/03/1				

Location	ULSAN KOREA	Manufacturer	PETRO-CHEM DEVELOPMENT COMPANY	
Unit	UNICRACKING UNIT	Item No.		
Service	PREFRACTIONATOR REBOILER	Reference	90-F-1464	
Number Required	ONE	Type	VERTICAL CYLINDRICAL W/CONV. & COMMON APH SYSTEM	
Total Duty per Heater, x 10⁶ kcal/h	33.365			

PROCESS DESIGN CONDITIONS

		MAX. DUTY CASE	
		RADIANT	CONVECTION
* Heater Section			MP STEAM
* Service	—		0.965
* Heat Absorption	x 10⁶ kcal/h	NOR. 29.4/MAX. 32.4	MP STEAM
* Fluid		C5 - Recycle Gas	27.400
* Flow Rate	kg/h	471,780	
* Flow Rate	BPD		
* Pressure Drop (Allowable)	kg/cm²	3.5	0.5
* Pressure Drop (Calculated)	kg/cm²	2.0	0.5
Average Flux Density (Allowable)	kcal/m²h	32500	
Average Flux Density (Calculated)	kcal/m²h	32500 (Design)	
Maximum Flux Density	kcal/m²h	58500 (DESIGN)	
Velocity Limitation			
Maximum Allowable Inside Film Temperature	°C		
Fouling Factor	m²h°C /kcal	0.0006	0.0001
Corrosion or Erosion Characteristics			
Inlet Conditions:			
* Temperature	°C	323 **	191
* Pressure	kg/cm²g	24.0	11.1
* Liquid Flow	kg/h	471,780	—
* Vapor Flow	kg/h	—	27,400
* Liquid, (Deg API) (Sp Gr at 15 °C)		0.8	—
* Vapor, Molecular Weight			—
* Liquid Viscosity	(cP)(kgf-s/m²)	0.181	
** 315°C @ DESIGN			
Outlet Conditions:			
* Temperature	°C	393	250
* Pressure	kg/cm²g·m	22.0	10.6
* Liquid Flow	kg/h	292,140	
* Vapor Flow	kg/h	179,640	27,400
* Liquid (Deg API) (Sp Gr at 15 °C)		0.816	—
* Vapor, Molecular Weight		137	
* Liquid Viscosity	(cP)(kgf-s/m²)	0.166	
Remarks and Special Requirements:			
*1. Distillation Data or Composition Attached			

COMBUSTION DESIGN CONDITIONS

		FUEL OIL	FUEL GAS
Type of Fuel		20	10
* Excess Air, Percent			
Guaranteed Efficiency, Percent (LHV) (See Note) (OVERALL)		90 (W/APH)	
Calculated Efficiency, Percent (LHV)		90.5	
Radiation Loss, Percent of Heat Release (LHV)			2.5
Flue Gas Temperature, Leaving Rad. Sec.	°C	860	
Flue Gas Temperature, Leaving Convect. Sec.	°C	380 (171°C LVG. APH GUAR./168°C CALC.	
Flue Gas Mass Velocity Through Convect. Sec.	kg/m²s	2.57	

그림 1.31 ▌ Datasheet Page 1.

FIRED HEATER SPECIFICATION SHEET

			FUEL OIL	FUEL GAS
* Type of Fuel			FUEL OIL	FUEL GAS
Draft at Bridge Wall		mmH2O	2.5	2 MIN
Draft at Burner		mmH2O	16	
* Ambient Air Temperature		℃		15 (-17 ~ 38.6)
* Altitude, Above Sea Level		m	19.6	
Calculated Heat Release		x 10⁶ kcal/h (LHV)	36.379(DESIGN)	
Volumetric Heat Release		kcal/hm³	38140	
Note: A fuel saving of		x 10⁶ kcal per h will offset a		increase in furnace cost (erected).

FUEL CHARACTERISTICS

			FUEL OIL	FUEL GAS
* Type of Fuel			FUEL OIL	FUEL GAS
* Heating Value: HHV				
LHV			9750 ~ 9850	
* Specific Gravity			0.95	
* H/C Ratio (by Weight)				
* Temperature at Burner MAX./NOR./MINIMUM	℃		100/80/70	
* Viscosity: At 38 ℃		(cP)(kg/m·s)	1200	SEE NOTE 1)
At 66 ℃		(cP)(kg/m·s)	180	
* Fuel Pressure Available at Burner				
* Atomizing Steam Pressure			10.6	
* Vanadium Content ┐ for Liquid Fuels		ppm	51.76	
* Sodium Content ┘		ppm		
* Sulfur Content, Percent by Weight		wt%	1.6	
* Gas: Molecular Weight		—	NITROGEN 0.18WT%	
Composition, Mole Percent		mol%	ASH 0.1 WT%	

MECHANICAL DESIGN CONDITIONS

General				
* Plot Limitations			* Stack Limitations COMMON STACK BY OWNER	
* Tube Limitations			Other Limitations	
* Required Drawings				
* Structural Design Data: Wind Load		45 m/sec	Seismic Factor ZONE 2 of ANSI	
* List of Applicable Standards or Specifications: 1.			3.	
2.			4.	

Coil Design			RADIANT	PROCESS CONVECTION	MP STEAM CONVECTION
* Heater Section			RADIANT	CONVECTION	
* Design Pressure			28.1	28.1	18 & FV
* Design Fluid Temperature		℃	410		275
* Corrosion Allowance: Tubes		mm	3.0	3.0	1.5
Fittings		mm	3.0	3.0	1.5
Hydrostatic Test Pressure					
Number of Passes			6	6	4
Overall Tube Length		m	15.590±	6.121±	6.121±
Effective Tube Length		m	15.950	5.664	5.664
Bare Tubes: Number		Pc's	84	24	
Total Exposed Surface		m²	708.26	71.86	—
Extended Surface Tubes: Number		Pc's		48	24
Total Exposed Surface		m²	—	741.23	222.0
Tube Spacing, Center to Center (Staggered) (In Line)		mm	305	305 X 305	305 X 305
Tube Center to Furnace Wall		mmMinimum	1.5 DIA.		1 SPACE CORBELS
* Stress Relieve		—	YES	YES	YES
* Weld Inspection Requirements, X-Ray or Other		—	100%	100%	100%

그림 1.32 ▌Datasheet Page 2

　　연료는 Fuel Oil과 Fuel Gas를 혼용할 수 있으며, Arch에서의 Draft값은 -2.5mmH2O가 유지될 때 Burner에서의 Draft는 -16mmH2O가 된다. Burner에서 요구되는 Draft값이 유지될 때, 연소공기와 연료가 적절하게 Mixing되어 연소효율이 설계치 대로 유지될 수 있다.

Coil(Tube)에 대하여 설계 조건 및 Surface Area(Radiant : Bare, Convection : Extended)가 명시되어 있고, 열처리 및 NDE조건이 표기되어 있다.

FIRED HEATER SPECIFICATION SHEET		JOB NO. : 01078		
		DOC NO. : HOU-CH-DS-014		
		MADE BY. :		
Coil Design (Cont'd)				
* Heater Section		RAD SECT	CONV SECT	CONVECTION MP STEAM
Tubes			PROCESS	
Vertical or Horizontal	—	VERTICAL	HORIZONTAL	HORIZONTAL
* Tube Material (ASTM Specification and Grade)		A335-P5	A335-P5	A335-P11
Outside Diameter	mm	168.3	168.3	114.3
Wall Thickness (Minimum) (Average)	mm	7.11	7.11	6.02
Maximum Tube Wall Temperature (Calculated)	℃		485	280
Inside Film Coefficient (Calculated)	kcal/m²h℃	1750	1310	535
Maximum Tube Wall Temperature (Design)	℃	500		371
Design Basis for Tube Wall Thickness		API RP530 3rd EDITION		ASME SEC. I
Description of Extended Surface :				
Type			STUD	STUD
Fin or Stud Material /NO. OF ROWS			ALLOY/1:C.S./3	C.S./2
Fin or Stud Dimensions			1/2" DIA	1/2" DIA
Fin or Stud Spacing			5/8"	5/8"
Maximum Fin or Stud Temperature	℃	24 STUD/PLANE	16 ST/PL	345
		ALLOY/C.S. : 545/500		
XXXXXXXXX STUD HEIGHT, mm/NO. OF ROWS			31.75/1;38.1/3	31.75/2
Plug Type Header		NONE	NONE	NONE
Manufacturer and Type	—			
* Material (ASTM Specification and Grade)	—			
Nominal Rating	—			
* Location	—			
* Welded or Rolled	—			
Return Bends				
Manufacturer and Type	—	180° WELDING RETURN UBEND		HUB
* Material (ASTM Specification and Grade)	—	A234 WP5		A234 WP11
Nominal Rating or Schedule	—	6" SCH 40 AW		4" SCH 40 AW
* Location	—	FIREBOX	HEADER BOX	HEADER BOX
Terminals				
Manufacturer and Type	—	FLANGED		
* Material (ASTM Specification and Grade)	—	A-182 F5		A-105
Nominal Rating	—			18"
* Location	—	(6) OUTLETS/ INLETS		1-OUT/IN
* Welded or Rolled	—	WELDED		
Flange : Size and Rating	—	6" 300# RFWN		8" 300# RFWN
Location	—			
Crossovers :				
* Welded or Flanged	—	WELDED		NONE
* Pipe Material (ASTM Specification and Grade)	—	A335-P5		
Pipe Size and Wall Thickness	mm	6" x SCH 40 AW		
Location	—	EXTERNAL		
Flange Rating	—			
Tube Supports				
End, Top, Bottom :		TOP	BOTH ENDS	BOTH ENDS
Material	—	50 CR-50 NI NB	CS	CS
Thickness	mm		12 MIN	12 MIN
Type and Thickness of Insulation	mm		LHV 1:2:4 MIX/100 LHV 1:2:4 MIX	
Insulation Reinforcement	—		SS V-ANCHOR	SS V-ANCHOR
Intermediate : GUIDE			NONE	ONE (1) SET
Material	—	50Cr-50Ni Nb		50 Cr-50 Ni
Spacing	mm	MIDWAY		+ Nb
Type and Thickness of Coating	—	NONE		
Guides :		PIN		
Location	—	BOTTOM	NONE	
Material	—	50-50 Nb		

그림 1.33 ▌ Datasheet Page 3.

Tube에 대한 Mechanical 설계 사항이 명시되어 있으며, 재질, O.D, 두께 및 Radiant Tube의 TMT(Tube Metal Temperature) 계산값이 485℃로 표시되어 있다.

Radiant Tube는 API 530, MP Steam용 Convection Tube는 ASME Sec.I에 준하여 설계되었고, Convection Tube의 Process Preheat 부위는 Alloy Stud가 부착되어 있고, MP Steam쪽 Tube는 상대적으로 온도가 낮아 CS 재질 Stud가 부착되어 있다. 기타 Return Bend, Crossover, Tube Support 및 Tubesheet에 대한 설계 사양이 명시되어 있다.

상기 Datasheet 사항에 덧붙여 부위별 내화물 사양, 그리고 Instrument Connection 개수 및 위치 등이 추가로 명시되게 된다. 참고로, 가열로 Datasheet 표준 양식은 API 560, Annex A 항목 81쪽부터 86쪽에 상세하게 기술되어 있다.

덧붙여 Rube와 Pipe의 차이점은 Tube의 경우 외경(OD)와 두께로 표시하며, Pipe는 NPS(Nominal Pipe Size)를 기준으로 표시되고, 아래 표 1.4와 같이 요약될 수 있다.

표 1.4 ▌ Pipe와 Tube 구분

분류	Pipe	Tube
ASME B31.1/3	원형 단면	원형 혹은 다면형 단면
ASTM 표기	A53, A106, A312, A409	A178, A179, A213, A334, A423
표기 방법	NPS, OD/ID, 두께	OD, 두께
Size	1/8 ~ 80 inch	1/8 ~ 15 inch
허용오차	Loose	Tight
비용	Low	High
사용처	Piping	H/Ex, Fired Heater, Boiler

Pipe의 경우, 12 inch 까지는 OD가 NPS보다 약간 크며, 14 inch 부터는 OD와 NPS가 동일하다.(아래 그림 1.34 참조)

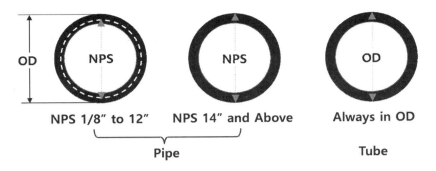

그림 1.34 ▎ Pipe 및 Tube 규격 비교

또한 Pipe의 두께는 Schedule Table에 명시되어 있는데, 동일한 Size내에서 Schedule이 다를 경우, OD는 동일하며 단지 내경(ID)만 상이하게 표시된다.(그림 1.35 참조)

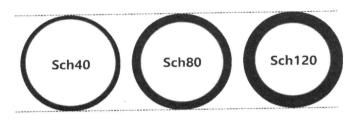

그림 1.35 ▎ Pipe Schedule에 따른 내경(ID) 비교

CHAPTER 02

주요 구성품 설계 개념 및 적용 방안 익히기

2.1.1 Tube 두께 계산하는 방법

가열로는 크게 Steel Structure, 내화물 그리고 Tube로 구성되어 있다. Steel Structure의 경우 최소 30년 이상 사용이 가능하고, 반면에 내화물 같은 경우에는 5~6 년 주기로 보수 혹은 부분 교체 작업이 수행되어야 한다. Tube는 운전 조건 에 따라 5~15년 정도의 수명을 가지게 된다. 재질에 따른 Tube의 비용을 비교하 여 보면, Carbon Steel 재질을 1로 했을 때, Low Alloy 재질은 5배, Stainless Steel은 10배, Special Alloy는 20배 정도의 비율로 재료 가격이 상승된다. 만약에 Tube에 문제가 발생되어 교체가 불가피한 상황에서는 Tube의 경우 재료비뿐만 아니라 보수/교체 비용 및 기간도 방대하게 소요되기 때문에, Tube에 대한 세심한 관리가 수반되어야 한다.

Tube 설계는 API Standard 530(Calculation of Heater-tube Thickness in Petroleum Refineries)에 의거하여 계산된다.

Calculation of Heater-tube Thickness In Petroleum Refineries
API Standard 530, 7th Edition

그림 2.1 ▌ API 530 표지 내용

API 530에서는 Tube 두께 계산을 위하여 대표적인 Tube 재질 별 탄성한도 (Elastic) 내 설계 기준과 고온 영역에서의 소성변형에 의한 Creep 파손(Rupture) 관 련 Mechanical Data(온도 별 허용 응력, Creep Data 등)를 제공하고 있다. 단, 두께 계산 공식은 Seamless 형태의 얇은 두께(두께가 O.D의 0.15배 보다 작은 경우)의 Tube에만 해당된다.

1) Elastic Design (재질의 탄성한도 내에서 두께 계산)

금속 재질은 힘을 가하게 되면 변형되는데, 탄성한계(Elastic Region) 내에서는 가해진 힘을 거둬들이면 다시 원래 모습으로 복귀하게 되며, 반면에 탄성한계를 벗어날 정도의 힘을 가할 경우에는 소성변형(Plastic Deformation)되어 영구히 변형된 모습으로 남게 된다. 따라서 Elastic Design이라는 의미는 Yield Strength 이내의 응력 범위에서 설계하는 것이며, 아래 Stress-Strain Graph에서 회색 영역을 의미한다.

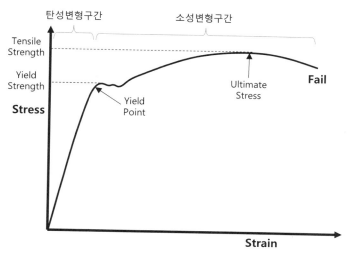

그림 2.2 ▮ Stress-Strain Curve

탄성한계 내의 Tube 재질에 따른 허용 응력 값에 대하여 두께를 계산하는 방법으로, 허용 응력은 Ferritic Steel(Carbon Steel, Low Alloy Steel 등)은 Yield Strength의 2/3이고, Austenitic Stainless Steel(A321 Tp304, 316, 321, 347 등)은 Yield Strength의 90% 값으로 표시된다. 이는 통상적인 Process Piping 두께를 계산하는 Code인 ASME B31.3에서 규정하는 허용응력 (Yield Strength의 2/3 혹은 Tensile Strength의 1/3 중 작은 값)보다 상대적으로 조금 더 큰 값을 취하게 되므로, 동일 압력과 온도 Process Piping 보다 약간 두께가 얇게 계산될 수 있다. 일반적으로 고온에서 운전되는 가열로 Tube가 Process 배관에 비해 엄청 두꺼워야 한다는 인식이 있지만, 실제로는 그렇지 않은 경우가 많다는 것을 알 수 있다.

탄성한도 이내에서의 두께 계산식은 아래와 같다. (t=두께, P=Process 압력, R=Tube 반경, σel=Elastic 허용응력, CA=Corrosion Allowance)

$$t_{el} = \frac{PR}{\sigma_{el} + 0.5P} + CA$$

2) Rupture Design (재질의 소성변형을 허용하는 범위에서 두께 계산)

금속 재질은 높은 온도(T 〉 0.4 T_m, T_m = 금속의 녹는 온도)에서 노출되어 운전될 경우(내압 P에 의한 힘이 지속적으로 가해질 경우), 비록 가해지는 힘이 탄성한계 범위인 Yield Strength 보다 낮은 값이더라도, 시간이 지남에 따라 소성변형(Plastic Deformation)이 발생된다. 이러한 현상을 Creep이라고 하며, Creep 변형에 의하여 Tube가 Rupture될 때까지의 시간을 기준으로, 설계 수명 별 허용응력에 따라 Tube의 두께를 계산하는 방식이 Rupture Design 이다. API 530에서 제공되는 재질 별 Allowable Stress Graph는 아래 그림 2.3과 같으며, 통상적인 Stress-Strain Curve와 달리, 가로축에 설계 온도를 표시하여, 온도에 따른 허용 응력을 Elastic Design과 Rupture Design 별로 각기 다르게 표시하고 있다.

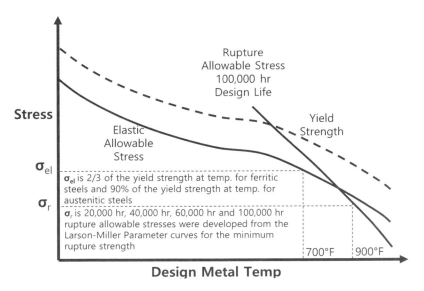

그림 2.3 ▮ Stress - Temperature Curve

통상적으로 Tube의 설계 수명은 100,000시간(약 10년)이며, API 530에서 말하는 설계 수명의 정의(Definition)는 그것이 'Tube의 사용기간 혹은 교체주기와 동일한 의미는 아니다' 라고 언급하여, Tube 설계에서의 100,000 시간은 온도와 압력 등 운전 변수가 Steady하게 유지될 경우에만 국한되는 것이므로, 일반적으로 정상운전에서의 Tube 수명은 설계 여유 등으로 인하여 최소 10 년 이상은 사용 가능하게 된다.

Rupture Design 방법은 2가지 경우로 나누어지는데, 하나는 설계 온도가 일정한 경우, 그리고 다음으로는 설계 온도가 Linear하게 변동되는 경우로서 초기 가동시의 Tube 설계 온도(Tsor, Start of Operation)와 운전 종료 싯점에서의 설계 온도(Teor, End of Operation)값에서 Equivalent 온도 값을 산정하여, 여기에 온도 여유 15℃를 더한 값을 설계온도로 채택하여 두께를 계산하게 된다. 2가지 Case 모두 Tube 두께를 계산하는 공식은 아래와 같이 동일하며(σr = Rupture 허용응력, *fcorr* = Corrosion Fraction – API 530 Figure 1. Graph 참조)

$$t = \frac{P_r R}{\sigma_r + 0.5 Pr} + f_{corr} CA$$

$$T_{eq} = T_{sor} + f_T (T_{eor} - T_{sor}) \rightarrow \sigma_r$$

다만 후자의 경우에는 T_{eq}(Equivalent Temperature)를 구하기 위하여 API 530에 수록된 Graph(Figure 2.)를 활용하여 f_T (Temperature Fraction)를 대입하는 절차를 거쳐야 한다.

3) 예제 풀이를 통한 두께 계산 방법 익히기

이제 상기 식을 활용하여 Elastic 및 Rupture Design 경우에 대하여 실제로 Tube 두께를 계산하는 예제를 풀어보도록 하자.

Sample 예제 아래 설계 조건에 대하여 Tube 두께를 계산하시오.

- Tube 재질 : A321 Tp347(18Cr-8Ni-Nb) Stainless Steel
- Tube O.D = 168.3 mm (6.625 in)
- 설계 압력 P_{el} = 6.2 MPa (900 psi)
- 설계 온도 T_d = 425°C (800°F)
- 부식여유(Corrosion Allowance, CA) = 3.18 mm (0.125 in)

먼저 SS347 재질에 대한 허용 응력을 구하기 위하여 아래 그림 2.4의 API 530 Figure E.49 Graph를 참조하여, 가로축 설계온도 800°F를 따라 세로축의 Elastic Allowable Stress 곡선에서 허용응력을 구하면, σ_{el} = 125 MPa (18,130psi)을 얻을 수 있으며, 이 값과 상기 Tube 자료를 두께 계산식에 대입하면, Elastic 설계에 의한 두께는 4.1mm (0.161in)로 계산되며, 여기에 CA를 더하면 각각 7.3mm (0.266in)로 계산된다.

다음으로 동일한 Tube에 대하여 설계 온도 705°C(1300°F)에서의 Rupture Design 두께를 계산하면, 상기와 같은 방법으로 E.49 Graph에서 가로축 1300°F를 따라 세로축의 Rupture Allowable Stress 곡선에서 100,000 시간 기준으로 허용응력을 구하면, σ_r = 5.8 MPa(840psi)를 얻을 수 있으며, 이 값을 두께 계산 공식에 대입하여 20.7mm(0.81in)를 얻게 되며, 여기에서 f_{corr}(Corrosion Fraction)값을 Figure 1. Graph(B = 0.125 / 0.81 = 0.155, n = 3.5)를 활용하여 0.53을 대입할 수 있게 되며, $f_{corr} \times$ CA = 1.7mm(0.07in)를 더해서 최종 두께는 22.4mm(0.88in)로 산정된다.

다음으로 동일한 Tube에 대하여 설계 온도가 SOR(Start of Run)과 EOR(End of Run) 시점에서 상이하고, Linear하게 변화될 경우 두께를 계산한다.

먼저 설계온도를 구하기 위하여 T_{eq}(Equivalent Temperature)를 구해야 하는데, Figure 2. Graph를 활용하면 f_T(Temperature Fraction) = 0.62 값을 얻을 수 있으며, T_{eq}=1237°F(670°C)에서 온도 여유 15°C를 더하여 설계온도 Td = 1265°F(685°C)를 구하고, 이 값을 E 49 Graph에서 가로축 1265°F를 따라 세로축의 Rupture Allowable Stress 곡선에서 100,000 시간 기준으로 허용응력을 구하면 σ_r = 27.6 MPa(4000psi)를 얻을 수 있으며, 이 값을 두께 계산 공식에 대입하여 9.85mm

(0.388 in)를 얻게 되며, 여기에서 f_{corr}(Corrosion Fraction) 값을 Figure 1. Graph를 활용하여 0.572을 대입할 수 있게 되며, f_{corr} × CA=1.83mm(0.07in)를 더해서 최종 두께는 11.68mm(0.46in)로 산정된다.

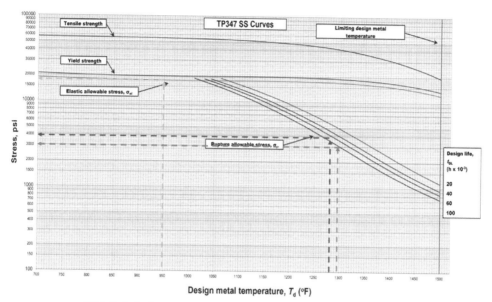

그림 2.4 ▌ Stress - Temperature Curve for TP 347 SS

상기 계산 과정을 서로 비교하여 요약하면 아래 표 2.1과 같다.

표 2.1 ▌ Elastic / Rupture Case 별 Tube 두께 계산 요약

	Elastic	Rupture	Rupture(SOR/EOR)
Tube O.D (mm/inch)	D_o=168.3 (6.625)	D_o=168.3 (6.625)	D_o=168.3 (6.625)
운전압력(Max MPa/psi)	P_{el}=6.2 (900)	P_r=5.8 (840)	P_r=5.8 (840)
운전온도(Max °C/°F)	-	-	T_{eq}=669 (1237)
설계여유온도	-	-	T_A=15 (25)
설계온도	T_d=705 (1300)		T_d=685 (1265)
설계시간(hr)	-	t_{DL}=100000	t_{DL}=100000
허용응력(MPa/psi)	σ_{el}=117 (16980)	σ_r=20.7 (3000)	σ_{el}=27.6 (4000)
Tube 계산두께	t_o=4.34 (0.171)	t_o=20.7 (0.81)	t_o=9.85 (0.388)
부식여유	t_{CA}=3.18 (0.125)	t_{CA}=3.18 (0.125)	t_{CA}=3.18 (0.125)
부식 Factor	-	f_{corr}=0.53	f_{corr}=0.572
Tube 최소두께	t_{min}=7.27 (0.285)	t_{min}=22.4 (0.88)	t_{min}=11.68 (0.46)

2.1.2 잔여수명(RUL - Remaining Useful Life) 계산 방법

Rupture Design 방법을 활용하면 Tube의 잔여 수명이 어느 정도 예측 가능한데, 이는 API 530에 수록된 Tube 재질 별 Graph를 상세하게 살펴보면, Rupture Allowable Stress Curve의 경우, 설계 시간·허용응력·설계온도 등 3개의 변수로 표시되어 있는데, 이러한 변수 간의 상관관계를 적절히 활용하면 3가지 변수에서, 활용 가능한 2가지 변수를 입력하면 나머지 1개의 원하는 값 추출이 가능하기 때문이다.

1) Creep 개념 이해하기

Tube의 수명을 계산하는 방법을 논리적으로 이해하기 위해서는 먼저 Yield Strength 보다 낮은 응력이라도 고온에서 소성 변형이 발생되는 Creep 현상에 대한 기본적인 개념이 필요하다. 앞서 설명한대로 Creep은 고온 (T 〉1/3 ~ 1/2 Tm, 금속의 녹는 온도) 환경에서 Yield Strength 보다 낮은 응력이 가해짐에도 불구하고 시간이 지남에 따라 소성변형이 증가되는 현상을 말한다. 그림 2.5에서 보다시피, 책장의 선반이 휘어진 모습을 볼 수 있는데, 처음 책장을 설치하였을 때에는 책의 무게를 충분히 견딜 수 있었지만(전혀 변형이 발생되지 않음), 책의 무게가 변동되지 않았음에도 불구하고, 시간이 지남에 따라 서서히 소성변형이 발생된 모습을 볼 수 있다. 즉, 책장의 재질은 책의 무게를 충분히 견딜 수 있을 정도의 충분한 강도를 구비하고 있음에도 불구하고, 계절의 변화에 따른 온도 등의 영향으로 소성변형이 발생된 것이다.

그림 2.5 ▌ 시간 경과에 따른 책장 선반 변형

앞서 설명한 대로, 일반적인 설비나 배관의 경우 대부분 Elastic Design 개념으로 탄성한도 내에서 Yield Strength 값을 초과하지 않는 응력으로 두께가 결정된다. 그러나, 사용 용도에 따라서는 가열로 Tube처럼 고온의 환경에 노출되어 오랜 시간 운전되어야 하는 설비도 있기 때문에, 천편일률적으로 Elastic Design 방법을 적용할 수는 없게 된다. Creep 현상을 고려한 Rupture 설계의 기본 개념은 고온 환경에서 어느 정도 충분한 시간(예: 100,000 시간) 만큼 견딜 수 있도록(그 이후에는 파손된다고 가정) 설비의 두께를 충분히 두껍게 설계하는(API 530 Graph에 표시된 Rupture Allowable Stress값은 Elastic에 비하여 상당히 낮음) 방법이다.

아래 그림 2.6에 표시된 것처럼, Elastic Design의 기초 자료인 Stress-Strain Curve와 Rupture Design의 기초자료인 Creep Curve를 비교하면, 왼쪽 Stress-Strain Curve의 경우 우리가 사용하는 영역은 Yield Strength까지의 Elastic 구간만 유효한 것이고, 오른쪽 Creep Curve의 경우는 소성변형 영역에 대하여 재료 별로 직접 실험한(일정 온도, 일정 응력에서의 Strain 값 측정) Data를 기준으로 시간에 (가로축) 따른 소성 변형 량(세로축 Strain)을 표시하고 있다(점선으로 표시된 선은 온도 상승 환경을 표시한 것이며, 색깔이 진할수록 고온임). Creep Curve는 3구역으로 각각 I, II, III으로 표시되는데, 구간 I은 재료 내부의 변화 없이 소성변형이 이뤄지는 영역이고, 구간 II는 시간에 따라 변형량이 비례하여 발생되고, 구간 III 영역은 Crack이 성장하여 재질이 Fail 되는 영역이다. 여기에서 구간 II가 중요한데, 일직선 형태로서 'Steady State' 상태가 유지됨으로서, 시간에 따른 변형량 예측이 가능하게 된다. 즉, 시간이 지남에 따라 일정하게 변형량이 산출된다는 것이다. 따라서, 어느 특정 재료에 대하여 특정 온도와 특정 응력환경을 부여할 경우, 시간이 지남에 따라 변형량 측정이 가능하며, II 구역에 도달하게 되면, 비록 Rupture 시점까지 장시간 직접 실험을 하지 않더라도 II 구역의 Steady State 정보만 얻을 수 있다면, III 구간에 도달하는 시간을 어느 정도 예측이 가능하다는 논리이다.

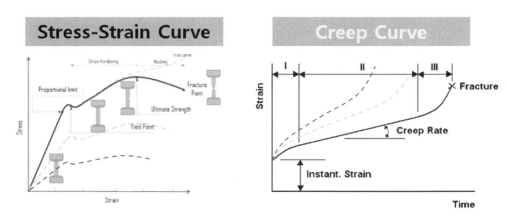

그림 2.6 ❙ Stress-Strain Curve 및 Creep Graph 비교

2) Stress Rupture Curve와 Creep Curve 이해하기

Creep Curve를 통하여 시간이 지남에 따라 변형량 정보를 얻을 수 있는데, 이러한 Data는 고온 영역에서 Creep 변형으로 인한 설비 수명 예측에 유용하게 사용될 수 있다.

그런데, 설비의 특성에 따라, 우리가 얻고자 하는 목표가 '시간에 따른 변형 량'이 중요한 것이 될 수도 있고, 아니면 '변형 량은 상관없이 적절히 견딜 수 있는' Data가 더 중요할 수도 있다. 예를 들면, 아래 그림 2.7에 표시된 바와 같이, 왼쪽 고온에서 운전되는 Gas Turbine Blade의 경우, 시간이 지남에 따라 Blade의 Creep 변형에 의하여 일정시간 후에는 Blade와 Casing이 서로 접촉되어 Blade가 파손되어 긴급 가동 정지 상황을 초래할 수 있으므로, Gas Turbine Blade의 경우에는 변형량(Strain) 값이 중요한 관리 요소가 될 것이다. 반면에 석유화학이나 원자력 공장처럼 높은 내압을 받고 있는 오른쪽 배관이나 설비가 파손되어 내부 유체 유출로 인한 화재/폭발 및 상해 위험 가능성이 있는 경우에는, 특정 변형량 값보다는 Rupture가 발생되기 전까지만 해당 설비를 관리할 수 있다면 안전에 문제가 없을 것이다.

그림 2.7 ▍ Gas Turbine Blade(왼쪽) 및 Tube Creep Rupture(오른쪽)

따라서, 우리의 관심사인 가열로의 Tube 관리 영역으로 초점을 맞추면, Creep Curve에 표시되는 변형량 정보 자체로는 큰 의미가 없기 때문에, Creep Test를 수행할 때, Rupture(Failure) 관점에 중점을 두고 실험 Data를 Graph로 만들 필요가 있으며, 아래 그림 2.8의 왼쪽 Graph를 도출하게 되었다. 이것을 Stress Rupture Curve라고 부르며, 각 Test 온도 별로 가로축에는 Rupture까지의 소요 시간을 표시하고, 세로축에는 가해지는 응력을 표시하였다.

3) Larson-Miller Parameter 및 적용 식 이해하기

Stress Rupture Curve의 경우, 미세 Test 온도 별 Data를 구하기가 쉽지 않으므로, 1952년도 미국의 Larson 과 Miller가 Stress Rupture Curve의 Data 분석결과를 바탕으로 LMP(Larson Miller Parameter)를 구하는 수식을[LMP = (T + 273) × (C + log t)] 도출하였고, 가로축에 LMP 그리고 세로축에 응력을 Plotting하여 아래 그림 2.8의 오른쪽 Graph와 같은 Larson Miller Curve를 만들게 되었다. 이 Graph를 활용하면서, 시간, 응력, 온도의 상관관계 추출이 가능해져, 수명예측 등 다양한 계산이 가능하게 되었다.

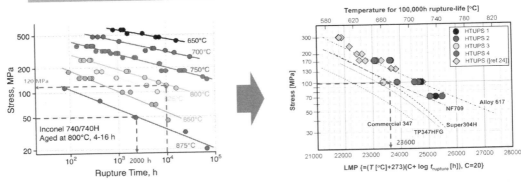

출처 : Long-Term Creep-Rupture Behavior of Alloy Inconel 740/740H by M. Render

그림 2.8 ▮ Stress-Rupture Curve 및 Larson-Miller Curve

예를 들어 Inconel 740재질에 대하여 설계온도 875°C 조건에서 허용응력이 50MPa라고 한다면, 이 재질의 예상 수명은?

왼쪽 Inconel 740의 Stress Rupture Graph에서 허용응력 50MPa를 따라 875°C 온도 선과 만나는 지점의 가로축 값을 읽으면 2,000시간이 도출되며, 그것이 바로 예상되는 수명이 된다.

같은 재질에 대하여 설계 수명을 10,000시간, 그리고 온도를 800°C로 운전하고 싶은데, 이럴 경우 허용되는 응력의 최대값은?

같은 방법으로 가로축 10,000을 따라 800°C 실험 Data와 만나는 지점에서 세로축 응력을 구하면 120MPa가 됨을 알 수 있다.

오른쪽 Curve 사용의 예를 들어보면, 상기 LMP (Larson Miller Parameter) Graph 에서 304H 재질 Tube가 내압 100MPa, 설계수명 100,000 시간으로 설계되기 위해서는 허용 최대 온도는 얼마인가?

설계 응력이 100 MPa 이므로, 위 오른쪽 LMP Curve 에서 점선으로 표시된 가로축 LMP 값을 구하면, LMP = 23600, LMP 계산식 LMP = $(T + 273) \times (C + \log t)$ 에 C = 20, t = 100,000을 대입하면 T = 671°C 값이 도출된다.

4) 예제 풀이를 통한 잔여 수명 계산 방법 익히기

이제, 상기 LMP 개념을 숙지하고 사용 중인 가열로 Tube에 대하여 잔여 수명을 예측하는 방법을 알아보도록 하자. 이미 API 530에는 각 대표 재질 별로 LMP Graph가 제공되어 있기 때문에, Graph에서 해당 값을 찾아 공식에 대입하기만 하면 원하는 값에 대한 계산이 가능하다. Tube의 잔여 수명을 예측하는 방식은 아래와 같은 절차로 수행된다.

- 각 운전 조건(온도, 압력, 두께)에 따른 상황 별 Damage Fraction 계산
- 잔여수명을 예측하기 위하여 잔여 Life Fraction 산출 (1-1)의 결과)
- Remaining Life Fraction이 0에 도달할 때까지 1년 단위로 Fraction 계산

예를 들어,

- Tube 재질 : A321 Tp316 (16Cr-12Ni-2Mo) Stainless Steel
- Tube O.D : 168.3 mm (6.625 in)
- 초기 설치 시 Tube 두께 : 6.8 mm (0.268 in)

현재까지 운전 및 검사 결과 Data를 정리하여 아래 표 2.2와 같이 작성하여야 한다.

표 2.2 ❙ 운전 Data 요약

Operation Period	Duration (year)	Operating Pressure (MPa/psig)	Tube Metal Temp (℃/℉)	Min. Thickness (mm/inch)	
				Beginning	End
1	1.3	3.96 (575)	649 (1200)	6.81 (0.268)	6.4 (0.252)
2	0.6	4.27 (620)	665 (1230)	6.4 (0.252)	6.2 (0.244)
3	2.1	4.07 (590)	660 (1220)	6.2 (0.244)	5.51 (0.217)

최초 1.3년 운전으로 인한 Tube Damage 정도를 계산하기 위하여, 먼저 Tube의 평균 두께를(t$_o$, avg) 구하고, 해당 두께에서의 Allowable Stress 값을 구하면,

t$_o$, avg = (0.268 + 0.252) / 2 = 0.26 inch

σ$_r$ = (P$_r$D$_o$ / t$_o$, avg − P$_r$) / 2 = (575 × 6625 / 0.26 − 575) = 7038 psi

아래 그림 2.9와 같이 Figure F. 39 LMP Curve에서 세로축 7038 psi를 따라 점선을 이동하면 가로축 LMP 36.95 값을 얻게 되며,

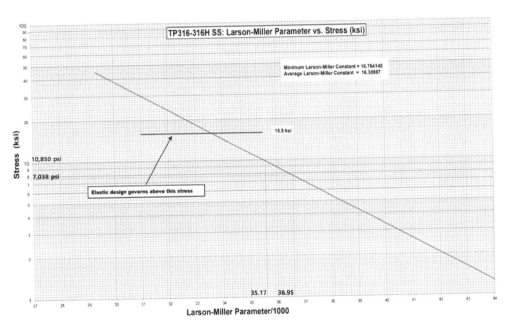

그림 2.9 ▌ Larson-Miller Curve for TP 316-316H SS

LMP=(T+460)×(C+log t)/1000 공식에 T=460°F, C$_{min}$=16.76/C$_{avg}$=16.31 값을 각각 대입하면, 아래 계산식으로부터 t$_{DL}$=36.1, t$_{DL}$=101.7 값이 각각 얻어지게 되며,

36.95 = (1200 + 460) × (16.76 + log t$_{DL}$) / 1000, t$_{DL}$ = 36.1 years

36.95 = (1200 + 460) × (16.31 + log t$_{DL}$) / 1000, t$_{DL}$ = 101.7 years

이것은 상기 운전 조건상 예측 수명이 Minimum Strength 하에서 36.1년이라는 의미이고, 동일 운전 조건에서 1.3 년간 운전하였으므로, 1.3 년간 소진된 수명 비율은 0.04가 (1.3/36.1) 될 것이다. 즉, 해당 Rube는 1.3년 기간 동안 전체 수명 1 중에서 0.04 만큼 수명이 소진된 것이다. 같은 방법으로 Table A.2에 기술된 각각의 Operation Period에 대하여 동일한 계산을 수행하여 아래와 같은 표 2.3을 완성할 수 있게 된다.

표 2.3 ▌ 각 운전 기간 동안 Life Fraction 계산 요약

Operation Period	Average Stress (MPa/psig)	Larson-Miller		Repture Time (Min Strength)		Rupture Time (Avg Strength)	
		Min (℃/℉)	Avg (℃/℉)	year	Life fraction	year	Life fraction
1	48.47(7038)	20.53 (36.95)	20.53 (36.95)	36.1	0.04	101.7	0.01
2	54.9 (7970)	20.25 (36.43)	20.25 (36.43)	7.2	0.08	20.3	0.03
3	56.46 (8183)	20.18 (36.34)	20.18 (36.34)	8.5	0.25	23.9	0.08
		Accumulated Damage =			0.37		0.12

Minimum Strength 기준, 현재까지 운전 기간 동안 소진된 Damage Fraction의 합은 0.37이므로, 향후 남아있는 Life Fraction은 0.63 (1 - 0.37)이 될 것이고, 향후 운전 조건에서의 Life Fraction 값이 남아 있는 Life Fraction을 초과하지 않는 범위까지 Useful한 Tube Life가 될 것이다.

향후 예상되는 운전 조건이 아래와 같을 때,

- Operating Gauge Pressure : 4.27 MPa (620 psi)
- Metal Temperature : 660°C (1220°F)
- Corrosion Rate : 0.33 mm/yr (0.013 inch/yr)

향후 처음 1년 사용하였을 때, 수명 소진 Fraction 값을 구하면, Tube의 두께가 해마다 감소하므로, 4.83mm (0.19in)과 4.5mm (0.177)의 평균값에서 Allowable Stress 값을 구하면 10,850psi가 되며, 이것을 상기 LMP Graph에서 LMP 값을 구하면 36.95를 얻을 수 있으며, 같은 방법으로 수명을 구하면 1.7년이 산출되고, 이것은 1년간 운전하였을 경우 전체 1.7년 수명 중 59%를 소진한 것이므로, 남아 있는 잔여 수명 Fraction은 0.04 밖에 되지 못할 것이다. 동일한 방법으로 향후 1년간 예상 운전 변수에 대하여 계산하면 아래 Table A. 4에 요약된 바와 같이 '-' 값이 도출되어 더 이상 잔여 수명이 남지 않게 됨을 확인할 수 있다. 따라서 아래 표 2.4에 표기된 바와 같이, 위와 같은 운전 조건에서는 해당 Tube는 앞으로 1년 정도 밖에 사용할 수 없게 됨을 예측할 수 있게 된다.

표 2.4 ▮ Minn. Rupture Strength 기준 Future Life Fraction 계산 요약

Time	Min Thickness (mm/inch)	Average Stress (MPa/psi)	Larson-Miller (℃/℉)	Rupture Time	Fraction	Remaining Fraction
1	4.8 (0.19)	–		–	–	0.63
2	4.5 (0.177)	74.8 (10850)	19.53 (35.17)	1.7	0.59	0.04
3	4.43 (0.174)	78.34 (11392)	19.43 (34.97)	1.3	0.77	−0.73

상기와 같이 LMP값을 활용하여 Tube의 잔여수명(Remaining Useful Life)을 계산하는 방법에 대하여 과정이나 절차상에는 이론적으로 무리가 없지만, 실제로 어느 정도 정확한 값을 얻기 위해서는 Historical Operation & Maintenance Data가 상세하게 시간별로 정리되어 있어야 하며, Graph상의 숫자가 Log 값으로 세분되어 있으므로, 해당 값을 취할 때에도 주의를 기울여야만 어느 정도 정확한 값 추출이 가능하게 된다.

따라서, 가능하다면, 간단한 Excel Program 형식으로 수식을 만들어 Program된 수식에 따라 자동 계산되도록 만들어 놓고 (Table이나 Graph에서 입력하는 값은 고정 값으

로 Manual 입력), 예상되는 운전 조건에 따른 입력 변수 값을 조금씩 증감하여 입력해보면, 어떤 변수에 따라 결과 값이 얼마만큼의 영향을 받는지 비교 분석적인 고찰이 가능할 것이다. 즉, LMP에 의한 계산 결과의 절대값은 상대적으로 정확도가 떨어질 수 밖에 없기 때문에, 이렇게 각 운전 변수를 다르게 입력하면서 얻어지는 결과값 분석에 의한 상대적 분석 방법을 통하여 결과값에 대한 신뢰도를 높여 갈 수 있게 된다.

Tube의 수명은 이렇게 LMP를 활용하여 이론적으로 계산하는 방법 외에도, 직접적으로 Tube 육안 및 조직 검사를 통하여 신속한 분석이 가능한데, 앞서 설명한 Creep Curve로 되돌아가 각 구간별 상황에 따라 아래 그림 2.10에 표시된 각 징후(구간별 Creep Damage 진전 : Isolated Creep Void → Oriented Creep Void → Micro Crack → Major Crack) 및 검사 기준을 Tube 관리의 기본자료로 활용할 수 있다.

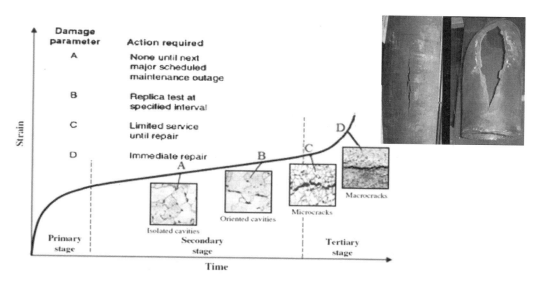

출처 : Neubauer's Classification of Creep Damage

그림 2.10 ▌ Creep 단계별 Damage 진행

2.1.3 Convection Tube Fouling과 열전달 이해하기

복사부 노내부에서 고온의 복사열을 흡수하는 Radiant Tube에 비하여 대류부에서 Flue Gas 흐름에 따른 대류열을 흡수하는 Convection Tube는 열흡수 효율을 증대시키기 위하여 Flue Gas와 접촉하는 표면적을 증가시킬 목적으로 Tube 외부에 Fin이나 Stud를 부착한다(그림 2.11). 표면적을 비교하면, Radiant Tube와 같이 Bare Tube에 비하여 Fin Tube는 약 8배 가량의(Fin 형상 및 밀도에 따라 다소 차이가 있을 수 있음) 표면적이 증가된다. 그러나 불완전 연소 혹은 정비 불량 등으로 Fin Tube의 사이 공간이 Carbon이나 이물질에 의하여 막히거나 Fouling이 심하게 진전되면, 원래 설계 시 반영되었던 8배의 Surface Area에 대한 손실이 급격하게 증대되므로(예: 50% 이상 Fouling 되면, 열전달 효율이 1/2 이상으로 감소되는 것임 - Fin Tube 1개와 Bare Tube 8개의 열전달 효율이 맞먹는 결과임), 평소 Fin Tube가 오염되지 않도록 운전 변수를 세심하게 관리하여야 하며(특히 정기보수를 통하여 청소 작업을 완료하고, 가열로 재가동 및 S/U 등 운전 조건이 불안정할 때 주의를 기울일 필요가 있음), Fouling 된 Tube에 대해서는 보수기간 중 청소 작업이 수반되어야 한다.

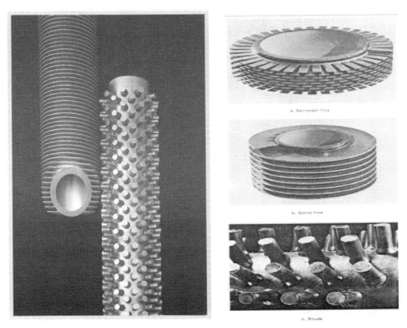

그림 2.11 ▌Fin Tube (오른쪽 그림 상부에서부터, Serrated/Finned/Studed Type)

Fouling이 시작되면 매우 빠른 속도록 진전되는데, 이를 방지하기 위하여 별도의 Sootblower 설계가 반영되기도 한다. 참고로, Sootblower는 단어 자체의 의미에서도 시사하는 바와 같이, Blowing하는 설비이지 결코 Cleaning하는 설비가 아니라는 것을 주지할 필요가 있다. 즉, Sootblower는 Fin Tube가 오염되지 않도록 주기적(1회/Shift)으로 가동되어 Fouling 가능성을 최소화 하도록 운전되어야 하며, 이미 심하게 Fouling이 진행된 Tube에 대해서는 아무리 Blowing작업을 수행하여도 큰 효과가 없다는 것을 알아야 한다.

그림 2.12는 Fouling이 심하게 진행된 Convection Tube 외면으로서, Fin 내부 관찰이 거의 불가능할 정도로 심각하게 오염된 모습을 보여주고 있다. Fouling 청소 작업은 Tube 배열이 삼각 Pitch로 촘촘하게 인접하여 있기 때문에 접근이 쉽지 않고, Air Blowing 등의 작업으로는 쉽게 Fouling 물질 제거가 용이하지 않으므로, 특수 Chemical이나 세정수를 Gravity에 의해 상부에서 하부로 흘려보내고, 하부에서는 노내부가 젖지 않도록 Plastic Cover로 세척수를 모아 순환시키는 방법 활용이 일반적이다.

그림 2.12 ▎ Convection Tube Fouling 모습(New Tube와 비교하여 Fouling 심각성을 짐작할 수 있음)

2.2 내화물(Refractory) 관리

내화물은 열을 차단할 목적으로 적용되는 재료이며, 대표적인 종류는 벽돌 (Brick), Castable, Ceramic Fiber (C/F)의 3 부류로 나눌 수 있다. 내화물의 성질을 쉽게 이해하기 위해서는 우선 우리가 주변에서 흔히 접하는 각 대표 재질에 대한 상대적(절대값이 아님) 열전도도 비교를 해볼 필요가 있다.

진공	Air (대기)	C/F (Ceramic Fiber)	Brick (Refractory)	Stainless Steel	Carbon Steel	Aluminum
0	0.024	0.04	0.15	9	50	200

진공상태는 아무런 매개체가 존재하기 않기 때문에 열전도가 발생될 수 없다. 또한 Air의 열전도도가 낮으므로, 단열재 내부에 공간이 적절하게 존재할 경우 열차단 효과가 상승되어질 수 있으므로, C/F와 같은 솜 모양의 단열재는 가벼우면서도 열차단 효과가 높게 유지되는 장점이 있게 된다. 그러나 C/F의 경우에는 유속이 빠르거나 외부 힘이 가해지는 부위에는 사용이 불가능하므로, 이러한 환경에는 약간의 열전달 효율은 낮아지지만 Castable이나 Brick과 같은 단단한 내화물이 적용된다. 또한 금속 중에서도 Stainless Steel의 열전도도가 낮으므로, 내화물을 고정하는 Anchor 재질로 많이 채택되게 된다. 이처럼 내화물을 적재적소에 적용하기 위해서는 온도뿐만 아니라, 유속, 침식 가능성, Cyclic 운전 가혹도 등의 종합적인 고려사항을 염두에 두어야 한다. API 560 최신판 2016년도 5th Edition에 내화물 특성, 선정 기준, 시공방법 및 보수방안, 품질관리 등 상세 사항이 기술되어 있다. 특히 품질관리 분야에 대한 설계 준수사항, 검사 방법, 검사원의 자격 등 상세한 사항은 API Standard 936에 항목별로 기술되어 있다(그림 2.13).

Refractory Installation Quality Control Inspection and Testing Monolithic Refractory Lining and Materials In Petroleum Refineries

API Standard 936, 4th Edition

그림 2.13 ▌ API 936 표지 내용

2.2.1 Brick 종류 및 적용 방법 이해하기

아래 그림 2.14의 왼쪽 그림은 Brick을 포함한 내화성형 제품을 표시하였고, 오른쪽 그림은 Radiant Wall에 통상적으로 시공되는 Brick 내화물의 배열 구조를 표시하였다. 번호별로 특징을 살펴보면, 1번은 Burner Tile이고, 2번은 Brick(화염 직접 노출에 대한 충분한 내구성을 갖추어야 함), 3번은 Brick이 쏟아지지 않도록 Casing과 Brick을 서로 연결시켜주는 Tie-Back Anchor(모든 Brick마다 연결할 필요는 없고, 설계 조건에 따라 약 20% Brick을 지정함), 4번은 Observation Door인데 Brick을 가공 성형하거나 Vacuum Foam 형태의 내화물을 채택하기도 함, 5번은 Expansion Joint로서 1.8 m 길이 간격마다 1/2 inch 폭의 열팽창 공간을 설계 반영하여야 하고, 운전 중 열팽창 공간이 이물질에 의해 채워지지 않도록 Ceramic Fiber로 충전시켜 놓아야 한다.

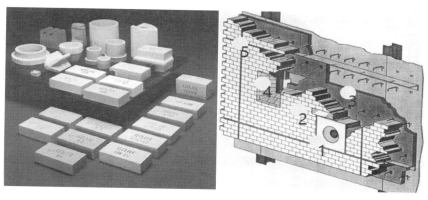

그림 2.14 ▌ Brick 제품 및 시공 Lay-Out 도면

또한 Brick은 FRB(Fire Resistant Brick - 내화벽돌)과 IFB(Insulating Fire Brick - 단열 벽돌)로 나눠질 수 있는데, FRB는 고온 Flame에 대한 직접적인 복사열과 열충격에 견딜 수 있도록 내화도와 강도가 충분히 높아야 하며, 반대로 IFB의 경우에는 벽돌 내부에 조밀한 공기층을 형성하여 열차단 성능이 우수하도록 제작된다. 따라서 FRB는 주로 Hot Face Lining 재질로, IFB는 Back-Up Lining 용도로 활용된다. 초기 입고시에는 Brick 상부 표면에 음각 혹은 Painting 표시된 글자나 색깔(흰색이 IFB) 등으로 쉽게 육안 구분이 가능하지만, 장시간 사용 후에는 육안 구분이 어려운 경우도 발생되게 된다. 가장 쉽게 구분할 수 있는 방법은 손으로 각각의 Brick을 들었을 때, 무거운 것이 FRB이고, 가벼운 것이 IFB이다.

만약에 FRB와 IFB를 서로 반대로 시공하였을 경우를 가정해보면(가열로 보수 작업시, Floor Brick에 대하여 청소 및 Brick 간 Gap에 쌓인 이물질 제거를 위하여 Brick 뒤집기 및 재배열 작업을 통상적으로 수행함 - 이때 간혹 작업자의 실수로 인하여 FRB와 IFB가 서로 뒤바뀌어 배열되는 경우가 발생됨), 아래 오른쪽 그림에 표시된 것처럼 Casing 온도가 왼쪽 정상적인 설계온도 90'C 대비 150'C로 아주 높게 상승됨을 알 수 있다.

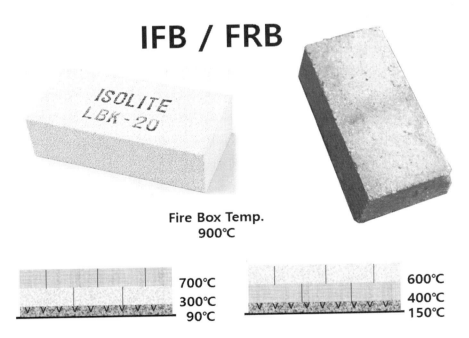

그림 2.15 ∥ IFB / FRB 정상(왼쪽) 및 비정상(오른쪽) 시공 시 가열로 Floor 온도 비교

2.2.2 Castable 살펴보기

Castable은 겉모습은 일반 시멘트(Cement)와 유사한 모양이나, 재료 측면에서 단열도가 높은 알루미나(Al₂O₃)와 실리카(SiO₂)를 주성분으로 조성되어 있다(그림 2.16). Castable이라는 용어가 의미하는 바와 같이 'Casting' 작업을 통하여 성형이 가능한 제품이므로, Brick과 같이 형태가 일정하게 모양이 정해진 내화물이 아니라, 시멘트처럼 원하는 곳에 원하는 모양으로 얼마든지 적용이 가능한 내화물이다.

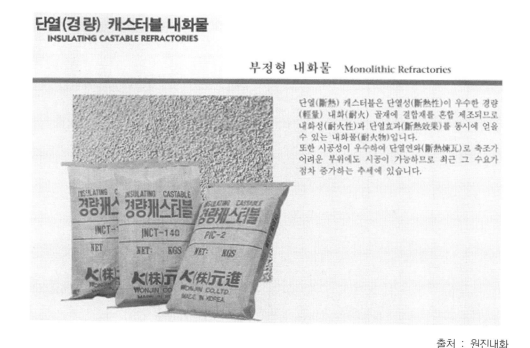

출처 : 원진내화

그림 2.16 ▌ Castable 제품 Catalogue 예시

1) 수분 함량 관리

Cement와 겉모양은 유사하게 생겼지만, Cement의 목적은 일정 강도를 유지하기 위함이고, Castable은 단열/내화 목적이기 때문에, 조성 재료와 시공방법이 상이하다. 즉, 재료는 단열/내화도가 높은 Al₂O₃ 및 SiO₂를 주로 사용하고, 시공 방법에서는 Cement의 경우 강도 향상을 위하여 미장 작업을 통하여 Cement내부에

포함된 수분을 완전하게 제거하는 작업이 필요하지만, Castable의 경우에는 내부에 포함된 수분이 서서히 증발하여 기공을 형성하도록 하여 단열 성능을 향상시키는 원리이기 때문이다.

따라서 수분 함량이 Castable 단열 성능에서 매우 중요한 요소로 작용되므로, 아래 그림 2.17과 같이 시공 전 품질 확인 작업이 필요하다.

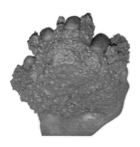

If the refractory lands with a "*splat*" and runs through your fingers..

TOO MUCH WATER!

If the refractory lands in your hand and feels dry like it's about to fall apart..

NOT ENOUGH WATER!

If the refractory lands with a nice sold "thud" and stays in a firm, round form – *(like pizza dough)*

PERFECT!!!

출처 : 원진내화

그림 2.17 ❙ Castable 시공 시 적정 물 함량 예시

2) Anchor 중요성

Castable을 원하는 부위에 고정시키기 위해서는 별도의 Anchor가 필요한데, 특히 아래 그림 2.18 그림에 표시된 천장 부위와 같이 중력에 의하여 쏟아질 가능성이 있는 부위에는, Anchor 재질선정, 크기 및 강도, 개수 등 설계 및 시공 작업 품질에 이상이 없도록 주의하여야 한다. 이렇게 천장 부위에 시공되는 내화물에서 품질 불량이나 손상이 발생되면, 운전 중 내화물의 무게에 의하여 쉽게 탈락되기 때문이다. Ceramic Fiber 같은 경우에는 무게가 상대적으로 가볍기 때문에 별 문제가 되지 않을 것이라고 생각할 수도 있는데, 간혹 외부로부터 미세한 틈새로 수분이나 빗물 등이 침투되어 Ceramic Fiber무게에 의한 운전 중 탈락 현상도 간과할 수 없다는 것을 알아야 한다.

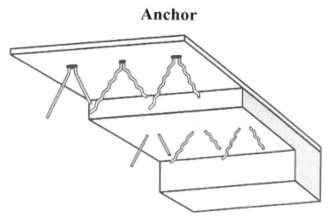

Anchor

그림 2.18 ▌ Castable 시공 시 Arch 부위 Anchor 중요성 예시

3) Dry-Out 필요성 및 온도-시간 Curve 이해하기

설치/시공된 Castable은 내부에 포함된 수분을 완전하게 제거시키기 위하여 Dry-Out 과정이 필요한데, Castable 재질 및 시공 두께 등의 변수에 따라 Dry-Out 시간이 결정된다. 만약에 Dry-Out 시 고온에서 빠른 시간 내에 수행할 경우에는 Castable 내부의 수분이 기화되면서 급격한 부피 팽창으로 외부로 빠져 나가지 못하고 시공된 Castable을 파괴시켜 Crack으로 이어지는 결과를 초래할 수 있다. 아래 표시된 그림 2.19 중 위에 있는 그림이 Castable이 초기 시공된 상태이고(작은 원형태로 내부 수분 포함), 아래 2개의 그림 중 왼쪽에 있는 것은 정상적인 Dry-Out을 통하여 Castable 내부의 수분이 완전히 빠져나간 모습이고(수분이 빠져나간 자리에 공극이 그대로 남아 있음), 반면에 오른쪽 그림은 Dry-Out 절차 불량 및 미 준수 등의 원인으로 급격한 내부 수분 팽창에 의하여 Castable의 Crack이 발생된 모습이다. Crack이 발생되면, Crack 틈새로 고온의 Flue Gas가 순환되게 되므로, 내화물 손상이 급격하게 진전되며, 내화물을 지지하고 있는 Anchor 손상 및 Casing에 Hot Spot을(Casing의 열팽창이 내화물에 비하여 상대적으로 매우 크므로, Casing에 부착된 내화물이 탈락되게 됨) 유발하게 되어, 내화물 탈락으로 이어지게 된다.

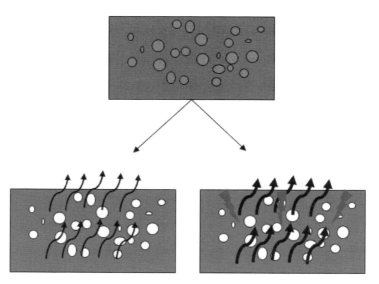

그림 2.19 ▌ Castable Dry-Out 시 정상 품질 확보(왼쪽) 및 Crack 발생(오른쪽)

이러한 Castable 손상을 방지하기 위해서는 설계된 Dry-Out Curve에 준하여 품질관리가 수행되어야 하는데, 그림 2.20은 통상적인 Dry-Out Curve로서, 시공 이후 상온에서 24 시간 이상 자연 건조하고, 그 이후 200℃ 까지 시간당 20℃로 승온하며, 200℃에서 Castable 두께 10mm 당 1 시간 비율로 Holding 하며, 500℃ 까지 시간당 30℃ 비율로 승온하여, 500℃에서 200℃ 때와 동일한 비율로 Holding 하고, 이후 내화물에 대한 품질검사가 필요할 경우에는 가열로를 가동정지 시킨 후에 검사 작업을 수행하고, 내화물에 특별한 문제점이나 Hot Spot 등 외부 특이점이 발견되지 않을 경우에는 사용자의 승인하에 운전 작업표준에 따라 정상 운전 온도까지 상승할 수 있다. 일반적으로 가열로 신규 설치 후 Dry-Out 시간에 소요되는 시간은 최소 72 시간 이상 장시간을 요구하므로, 반드시 S/U 일정에 예상 소요 시간을 고려하여야 한다. 그렇지 못할 경우, 성급한 Dry-Out 시도로 인하여 어렵게 시공된 내화물의 품질이 한 순간에 손상될 수도 있게 된다.

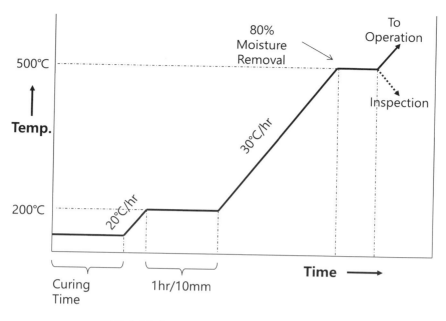

그림 2.20 ▍ Castable Dry-Out Curve 예시

Dry-Out 이후 점검 및 검사 방법은 주로 육안으로 외부 Crack 유무 및 탈락 점검, 그리고 내부 결함 등을 확인할 목적으로 의심 부위에 대하여 Hammer Test 를 수행한다. 일반적인 점검 기준은, Crack의 폭이 3mm 이상이고 Crack이 삼각 형이나 사각형 형태로 교차될 경우에는 별도의 보수 작업이 필요하며, 보수 작업 은 승인된 절차에 의거하여 수행되어야 한다.

2.2.3 Ceramic Fiber 특성 및 적용 제한 사항 살펴보기

Ceramic Fiber는 Ceramic 섬유를 직조하여 성형한 단열재로서, 제조 방법은 아 래 그림 2.21의 왼쪽 그림과 같이, 커다란 Spindle 위에 용융 Ceramic 방울을 떨 어뜨려, Spindle 회전에 의하여 발생된 가느다란 실 섬유를 옷감 짜듯이 직조하여 (주변에서 접하기 쉬운 예를 들면, 설탕 가루로 솜사탕을 만드는 방법과 유사하다) Blanket, Rope, Module, Sheet 등 다양하게 원하는 모양을 만들어 낼 수 있다.

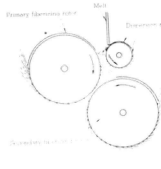

Velocity < 12m/sec
Sulfur → Foil + Coating
Heavy Metal < 100ppm

출처 : Thermal Ceramics(Morgan) 기술 세미나

그림 2.21 ▎Ceramic Fiber 제조 원리 및 직조 후 성형된 Ceramic Fiber 섬유 조직

Ceramic Fiber는 가볍고 단열 성능이 우수하여 수요가 많지만, 반면에 Ceramic Fiber와 접촉되는 유체의 유속이 빠르거나(12m/sec 이상에서는 사용 금지), Sulfur가 일정 양 이상 포함되었을 경우에는 Casing 부식을 방지하기 위하여 반드시 Back-Up Layer 사이에 스테인리스 스틸 Foil이 추가로 시공되도록 해야 한다. 또한, 중금속이 100ppm 이상 포함되어 있는 경우에는 운전 중 중금속 용융에 의한 Ceramic Fiber 손상이 발생되므로 사용을 제한하고 있다.

Ceramic Fiber는 일정 시간 사용하면 자체적으로 수축이 발생되는데(그림 2.22 참조), 수축으로 인한 Gap을 방치하면 단열효과 감소로 인한 외부 Casing Hot Spot 등으로 이어질 수 있다. 따라서 아래 그림 2.22에 표시된 방법과 같이 주기적으로 검사 및 검사결과에 따른 보수 작업이 수행되어야 한다.

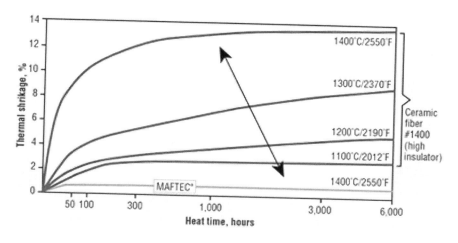

출처 : Mitsubishi

그림 2.22 ▌ 운전온도 상승에 따른 Ceramic Fiber 수축 경향

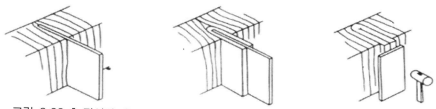

그림 2.23 ▌ 장시간 운전에 의한 Ceramic Fiber 수축 현상 발생 시 보수 방법

2.3 Burner 설계 및 NOx 저감 방안

2.3.1 Burner 구분 살펴보기

가열로에 장착되는 Burner는 연료로부터 연소열을 발생시키는 설비로서, Flame의 모양, 연료의 종류, NOx 저감 방법 등에 따라 구분할 수 있으며, 기본적인 설계 개념은 연료와 연소공기를 효율적으로 Mixing 시켜 연소효율을 향상시키는 것에 초점을 맞추고 있다.

따라서 Burner를 연소 설비라고 막연하게 한정하는 것 보다는, 사용자 입장에서는 일종의 Mixing Equipment로 이해하는 것이 올바른 운전과 정비에 도움이 된다. 여기에 덧붙여 대기 환경오염을 최소화하고, 운전시 충분히 안전이 뒷받침되어야 한다.

Burner에 대한 개략적인 구분은 아래와 같은 방식에 따른다.

- Draft Type에 구분 방식 : Natural Draft, Forced Draft, Self-Aspirated(연료의 분사 압력에 의하여 연소공기를 도입하는 형식)
- NOx 발생량 : Conventional, Low NOx, ULNB(Ultra Low NOx Burner)
- NOx 저감 방식 : 다단 연료 분사, 다단 연소 공기 공급, IFGR(Internal Flue Gas Recirculation)
- Flame 형태 : Round, Flat
- 설치 위치 : Free Standing(Floor Mounted), Side/End Wall Mounted, Roof Mounted
- 사용 연료 : Gas, Oil, Combination
- 연료/연소공기 혼합 방식 : Diffusion(연료분사 속도 + 연소공기 흐름 속도), Pre-mixing(연료의 분사 속도에 의하여 연소공기를 자동으로 흡입하는 Self-Aspirated 형태)

참고로 가열로 Burner에 대한 설계 기준 및 운전, 정비, 점검 방법은 아래 API RP 536(Burners for Fired Heaters in General Refinery Services)에 상세하게 기술되어 있다.

Burners for Fired Heaters in General Refinery Services
API Recommended Practice 535, 2nd Edition

그림 2.24 ▎ API 535 표지 내용

2.3.2 연소 기본 개념 이해하기

연소(Combustion)는 연료와 산소가 반응하여 열과 빛이 발생되며, 연소 생성물로 CO_2, H_2O가 발생된다. 연소 시 발생되는 방사선의 파장이 빛으로 전환되어 가시광선 영역 이내에서는 Flame 육안 관찰이 가능하게 된다. 연소에 대한 기본 개념을 쉽게 설명하기 위하여, 야외에 놀러갈 때 어떻게 불을 지피는지, 그림 2.25의 왼쪽부터 차례로 예를 들어 설명하도록 하자.

- 먼저 마른 잔가지를 모아서 그림처럼 서로 엇갈리게 원뿔 모양으로 듬성듬성 쌓아 놓는다 – 연소공기가 연료에 잘 공급될 수 있도록
- 그 다음, 불을 점화 시켰는데, 처음에는 연기가 많이 나고 불꽃이 불안정하게 된다. – 이때 연소공기를 더 많이 공급하기 위하여 입김이나 손부채를 활용
- 이제 연기도 없고 불꽃도 안정적으로 유지된다 – 취사를 위한 Flame 및 온도 Control 필요
- 그러나 제 때에 나무를 적절히 공급하지 못하거나, 너무 많이 투입할 경우에는 갑자기 불이 꺼지게 된다 – Control이 적절하게 이루어지지 못함

Surface Area   Incomplete Combustion   Mixing   Control

그림 2.25 ▮ 모닥불과 연소의 기본 개념

이렇게 수동으로 연소 과정을 수행하기에는 어느 정도 Skill과 경험이 필요하게 되고, 자칫 조그마한 실수에도 원하지 않는 결과가 초래될 수도 있을 것이다. 따라서 연소도 잘되고, 조절(Control)도 쉽고, 사용하기에도 안전하게 설계된 Burner

라는 설비를 활용하게 된다면, 위와 같은 불편함과 위험을 해소할 수 있게 된다. 연소로 인하여 육안으로 관측되는 Flame에 대하여 좀 더 알아보았다.

▪ Flame Color

Gas Firing의 경우 푸른색이며, Oil Firing은 노란색이 일반적이지만, Gas 성분이 Heavy(Double Bond)하거나, 연소공기가 부족한 경우에는 노란색을 띠게 된다.

▪ Flame 길이

연료의 성분에 H_2가 많이 포함된 Light Hydrocarbon(H/C)일 경우, 그리고 연료와 연소공기가 이상적으로 Mixing될 경우에는 Flame 모양이 짧고 좁게 유지되며, 반대로 연료에 비하여 연소공기가 부족하거나 Mixing 효율이 낮아질수록 Flame은 길어지게 된다. 이러한 이유로 Oil Firing시 무화(Atomizing) 과정을 통하여 분사된 연료 입자가 크므로(연소공기와 접촉 및 Mixing효율이 낮아짐), Gas Firing에 비하여 상대적으로 Flame 길이가 증가되는 이유이다. 연소공기로 사용되는 대기에는 O_2 함량이 일정 농도로 존재하기 때문에, 분사된 연료 양이 주변 공기 밀도에 비하여 상대적으로 많을 경우, 분사된 연료 모두가 한꺼번에 연소되지 못하게 되어, 미연소된 연료는 주변의 O_2를 찾아 이동하여 다시 연소되며, 이러한 이유로 Flame이 길어지게 된다. 이렇게 미연소 연료가 O_2를 찾아 이동하였음도 불구하고, 연소반응에 충분한 온도가 뒷받침되지 못할 경우에는 C, CO의 불완전 연소 물질로 전환되어 그을음이 발생되게 된다. 연료의 성상 및 Burner 설계 기술에 따라 다소 차이는 있지만, 일반적으로 정상적인 연소에서 Burner의 Heat Release에 따른 Flame 길이는 아래와 같다.

Ⓐ Conventional Burner : 1 ft / MMBtu (Raw Gas Burner는 Pre-Mix Burner에 비하여 약 2배 이상 Flame 길이가 길어짐)

Ⓑ Staged Fuel Burner : 2 ft / MMBtu

Ⓒ Staged Air Burner : 2.5 ft / MMBtu

Ⓓ IFGR : 1.5 ft / MMBtu

1) 연소 반응식 만들어 보기

가열로 설계에서 중요한 것이 노내 Size, 대류부 열교환, Stack 직경과 높이, Duct Size 등인데, 이것은 모두 연소생성물의 질량과 부피를 기반으로 하기 때문에, 연소 생성물을 정확하게 예측하기 위해서는 우선 기본적인 연소 방정식을 이해할 필요가 있다. 연료는 고체, 액체, 기체 등 다양하게 사용될 수 있겠지만, 산업용으로 가장 많이 사용되는 Fuel Gas를 기준으로 설명해보자.

이해를 쉽게 하기 위하여 Hydrocarbon 연료를 H/C로 표시하고, 연소공기는 산소(O_2)를 사용한다고 하면, 연소 반응식은 아래와 같이 표시될 수 있다.

$$H/C + O_2 \rightarrow CO_2 + H_2O$$

이제 막연한 H/C를 대신해서 구체적으로 부탄 Gas(C_4H_{10})를 연료로 사용할 때의 연소 방정식은 아래와 같이 표시될 수 있다.

$$\Box C_4H_{10} + \Box O_2 \rightarrow \Box CO_2 + \Box H_2O$$

그런데, 각 반응 물질 앞에 네모 칸이 표시되어 있는데, 우리는 이것을 Mole이라고 부른다. 질량보존 법칙에 의해서 반응 전후의 C, H, O의 개수는 모두 같아야 하므로, 반응 전후로 왔다 갔다 하면서 숫자를 맞춰보면 양쪽이 Balance를 맞춰 숫자가 채워지게 된다. 이 숫자가 Mole이다. 쉽게 설명하면, Mole은 우리가 연필 1 '다스', 계란 1 '판' 하듯이 '다스(연필 12개)'와 '판(계란 30개)'처럼 정해진 단위를 말하며, 1 Mole은 크기(부피)가 22.4 Liter이고, 그 안에는 6×10^{23}개의 원자가 들어 있다.

온도, 압력에 따라 부피가 달라질 수 있기 때문에, 표준상태(0℃, 1 기압)를 기준으로 산정된다. Mole 수 계산에 의해 상기 식의 네모 칸을 채우면 아래와 같은 식이 된다.

$$2C_4H_{10} + 13O_2 \rightarrow 8CO_2 + 10H_2O$$

여기에서 각 성분 밑에 네모 박스를 배열해 놓았는데, 이것이 Mole의 모습이라고 가정하며, 실제는 부피가 22.4리터 이니까 생수통 정도의 크기이며, 그 생수통 내부에는 각각 다른 성분의 물질이 6×10^{23}개씩 들어 있는 것이다(예: 검은색 생수통에는 C_4H_{10}이 6×10^{23} 개 들어 있음).

그럼 Mole에 대한 개념 정립을 위해 아래 간단한 계산 예제를 풀어보도록 하자.

예시 20°C 대기압 상태에서 $1m^3$ 부피의 Air 무게는?

- 먼저 Air의 Molecular Weight를(1 Mole) 구하면 ; Air는 21% O_2와 79% N_2로 조성되어 있으므로, Molecular Weight = 0.79 × 28 + 0.21 × 32 = 28.8 (g/mole)

- 문제에서 제시된 20°C, $1m^3$ 부피에 해당되는 Mole 수를 구하면 ; $1m^3$ / 22.4 × {273/(273+20)} = 40.9Mole

- 1Mole의 무게가 28.8g 이므로, 40.9Mole의 무게는 ; 40.9 × 28.8 = 1180g

가열로에서의 실제 연소 반응은 순수한 O_2 대신에 Air를 연소공기로 사용하므로, 상기 반응식에서 왼편 O_2 대신에 Air(21% O_2 + 79% N_2)를 대입하여야 한다.

$$2C_4H_{10} + 13(O_2 + 3.76N_2) \rightarrow 8CO_2 + 10H_2O + 13(3.76N_2)$$

그런데, Chapter 01에서 언급한 대로, 연소 방정식에는 시간과 거리 Dimension 이 포함되어 있지 않기 때문에, 연소 반응을 우리가 원하는 시간 내에 신속하게 이뤄지게 하기 위해서는 Excess Air(과잉공기)가 필요하게 된다. 참고로 통상적인 Excess Air의 설계 기준은 Fuel Gas의 경우 5~15%, Fuel Oil은 10~20% 이다. 예를 들어 20%의 Excess Air를 주입하였다고 하면, 상기 식의 Air에 해당되는 곳을 120%로 변경하면, 아래와 같은 연소 반응식이 완성된다.

$$2C_4H_{10} + 1.2 \times 13(O_2 + 3.76N_2) \rightarrow 8CO_2 + 10H_2O + 0.2 \times 13O_2 + 1.2 \times 13(3.76N_2)$$

그렇다면, 불완전 연소가 발생되면 연소 방정식은 어떻게 기술되어야 할까.

불완전 연소가 발생되면, 그을음이 발생되는데 이것은 연소 생성물에 미연소 물질인 CO, C가 발생되기 때문이며 아래와 같이 연소 방정식을 만들 수 있다.

$$H/C + O_2 \rightarrow CO_2 + H_2O + C + CO$$

이제, H/C 대신에 C_4H_{10}으로 바꿔주고, 완전 연소에서 했던 것처럼 같은 방법으로 Mole 수를 맞춰 나가면 C_4H_{10} 불완전 연소에 대한 반응식을 수립할 수 있다.

$$\square C_4H_{10} + \square O_2 \rightarrow \square CO_2 + \square H_2O + \square C + \square CO$$

$$C_4H_{10} + 4O_2 \rightarrow CO_2 + 5H_2O + 2C + CO$$

2) 예제 풀이를 통한 연소 공기 및 Flue Gas 양 계산하기

상기 연소 방정식에 대한 기본 개념을 바탕으로, 아래 조성 연료 연소에 대한 연소공기 및 Flue Gas 계산을 수행해보도록 하자.

예시 아래 연료 및 운전 조건을 만족시키기 위한 필요 연소 공기량과 연소로부터 발생되는 Flue Gas 양을 구하시오.

> ❖ **Fuel Gas 연료 조성**
>
> Methane, Ethane, Ethylene, Hydrogen 성분이 각각 25% 씩 균일한 조성으로 이뤄져 있음. Excess Air는 15%에서 운전됨.

계산 편의상 연료는 100 lb moles/hr 로 가정하면, 전체 연료의 유량은 각 성분의 분자량에 Mol%를 곱하고 여기에 100 lb기준이므로 100을 곱하여 합산하면 Total 1900lb/h 연료 유량이 계산된다.

다음으로, 필요한 연소공기량을 구하기 위하여, 아래 표 2.5와 같이, 연료 각 구성 성분별 연소 방정식을 수립하여 원하는 값을 각 항목별로 계산하는 것이 좋다. 먼저 O_2에 대한 필요량을 구하면 아래 표의 맨 오른쪽에 표시된 것처럼 요구되는 O_2 Mole 수를 구할 수 있다.

표 2.5 ▌ 연소 공기량을 구하기 위한 Table 작성

Component	Mol%	Reaction	O_2 Mole
Methane (CH_4)	25	$CH_4+2O_2=CO_2+2H_2O$	50
Ethane (C_2H_6)	25	$C_2H_6+3.5O_2=2CO_2+3H_2O$	87.5
Ethylene (C_2H_4)	25	$C_2H_4+3O_2=2CO_2+2H_2O$	75
Hydrogen (H_2)	25	$H_2+0.5O_2=H_2O$	12.5
Total	100		225

그런데, Excess Air가 15%이므로, 합산된 O_2 Mole 수에 115%를 곱해주어야 필요한 O_2 양이 계산된다. 우리가 필요로 하는 값은 Air 양이므로, Air 중 O_2 함량 21%를 고려하여 Air의 Mole 수를 구하고, 이것에 Air의 단위 Mole당 무게를 곱해주면, 최종적으로 아래 식과 같이 Air Flow Rate를 구할 수 있다.

O_2 Required = 225 × 258.75 Mole

Air Required = 225 × 1.15 = 258.75 × (100/21) = 1232.1 Mole

Air Flow Rate = 1232.1 × 28.84 = 35534 lb/h

그 다음으로 Flue Gas양을 구하기 위해서는 연소 반응식의 오른편 연소 생성물에 대하여 아래 표 2.6과 같이 만들어야 한다. 각 연소 반응 생성물에 대하여 Mole 수를 구하고(O_2 Excess는 Excess Air 15%이므로, 전체 O_2(225 Mole)의 15%가 반응 후 남는다는 의미임, 또한 N_2 Left는 앞에 계산된 총 Air Mole 수에서 O_2 Mole 수를 뺀 값임) 이것에 각 성분의 MW를 곱해주면 Flue Gas의 총 질량을(Flow Rate) 구할 수 있게 된다.

Flue Gas Flow Rate = 37468 lb/h

표 2.6 ▌ Flue Gas 양을 구하기 위한 Table 작성

Component	Mole	MW	Wt (lb/h)
CO_2	125	44	5500
H_2O	200	18	3600
O_2 Excess	33.75	32	1080
N_2 Left	973.4	28	27254
Total	1337.2		37438

2.3.3 Burner 설계 기본 개념 익히기

1) 연료 측면에서 주의할 사항

연료는 크게 고체 연료, 액체 연료, 기체 연료로 나눌 수 있으며, 연소가 잘 되기 위해서는 연료의 입자가 되도록 작아서 입자의 표면적이 증가하여 연소공기와 접촉 확률을 상승시켜야 한다. 예를 들면, 고체 연료의 경우 입자를 미세화하여 분사시키면 연소가 쉽게 이뤄질 수 있으며, 액체 연료도 미세화시키기 위하여 압력에 의한 분무(Atomizing)라는 과정을 거치게 된다. 기체 연료는 분사 Nozzle Drilling을 통하여 연료 분사 속도 및 방향을 최적화하여 원하는 연소 성능 및 Flame 모양을 만들어 가게 된다.

참고로 Burner Tip Nozzle Drilling Hole을 통한 연료분사 압력 강하는 통상적으로 5~20 psi가 적용된다.

Burner Tip Drilling은 연료의 성상, 노내 온도, Flame Shape, NOx 발생량 등을 종합적으로 고려하여 설계되며, 그림 2.26과 같이 정밀한 3차원 나선형으로 설계되어, 연료분사 시 충분한 Swirling 효과에 의한 연소공기와의 Mixing을 최대화 되도록 설계 및 가공된다.

그림 2.26 ▎Gas Tip 연료 분사 방향 – Drilling Hole에 철사를 끼워 나선형 분사 방향을 시각적으로 표시하였음

(1) Fuel Gas 중 Liquid Carry-Over에 의한 Burner Tip 손상

분사 속도를 상승시키기 위하여 Hole Size를 너무 작게 설계하였을 경우에는, Tip에서의 연료 분사에 의한 충분한 냉각이 수행되지 못하여, 노내 고온 복사열에 의한 연료의 Coke 침적 및 연료에 포함된 이물질에 의해 쉽게 Plugging 될 위험성이 있게 된다. 그림 2.27은 점진적으로 Coke가 침적되는 모습과(왼쪽), 연료 중 포함된 다량의 이물질 및 수분이 한꺼번에 Carry-Over되어 아주 짧은 시간 내에 Burner Tip이 Plugging되어 완전히 손상된 모습을(오른쪽) 보여주고 있다. 특히, 연료로 공정 부산물로 생성되는 Refinery Gas 혹은 Off Gas를 사용할 경우에는, 운전 중 수분이나 Liquid가 Carry-Over 될 가능성이 많으므로, 되도록이면 Burner 바로 전단에 Knock-Out Drum을 추가로 설치하거나, 아니면 특수 목적의 미세한 Coalescer Filter 설치를 고려하는 것이 바람직하다.

그림 2.27 ▌ 운전 중 점진적 Coke 형성(좌) 및 이물질/수분 Carry-Over에 의한 Plugging(우)

Burner Tip은 고온 환경에서 장시간 사용되는 부품이기 때문에, 시간이 지남에 따라 변형 및 손상이 불가피하다. 따라서, 운전 중 주기적 Flame Monitoring을 통하여 Tip 손상을 조기에 발견하여 청소나 교체 작업을 수행하여야 한다. 적절한 시기에 정비작업이 뒷받침되지 못할 경우, 손상 정도가 급격하게 진전되어 Tube 손상 혹은 Flame Out에 의한 가열로 가동 정지로 이어질 수 있다. 통상적인 점검 방법은 Flame 육안 관측, 그리고 의심되는 Burner Tip에 대해서는 운전 중 분리 작업을 수행하여 Tip Drilling Hole Size를 측정하고(시중에 판매되는 Drill Tip으로 측정 가능), 기준치보다 Size가 증가되었을 경우에는, 반드시 새 Tip으로 교체하여 주어야 한다. 참고로, 통상적인 Burner Tip Spare Part 보유 비율은 약 10% 이다.

간혹 Burner Tip 외부 모양만 보고 Local로 제작하여 교체하는 경우가 있는데, Burner Tip은 다양한 Test Data와 경험치를 바탕으로 설계되고 또한 정밀하게 가공되기 때문에(그림 2.28은 Burner Tip 내부 형상에 의하여 분사 성능이 변하는 것을 표시하고 있음), 이렇게 대충 제작하여 사용하게 되면 자칫 성능 저하 및 안전 저해 요소로 직결될 위험성이 크게 됨을 주의할 필요가 있다.

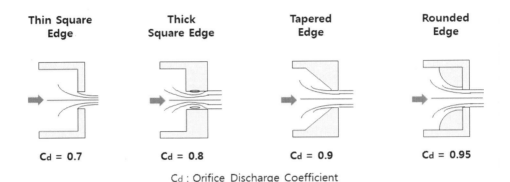

그림 2.28 ▎ Burner Tip Drilling 모양에 따른 연료 Injection Performance 비교

(2) 연료 성상 변화에 따른 운전 압력 예측 방법

Burner에 사용되는 연료는 석유화학 공장의 경우, 대부분 공장 내부에서 자체적으로 부산물로 생성되는 Off-Gas(혹은 Refinery Gas)를 활용하게 되는데, 말 그대로 공정 부산물이기 때문에, 운전 조건에 따라 연료의 조성이나 성분 등이 자주 변동될 수 있게 된다. 이럴 경우, 운전 측면에서 연료 조성 변동에 따른 운전 압력을 예상하고 실제로 적용하여야 하는데, 아래 식을 활용하면 좀 더 쉽게 연료 조성 변화에 따른 운전 압력예측이 손쉽게 가능하게 된다(1 : 예상 조건, 2 : 현재 조건).

$$P_1 = (P_2 + 14.7) \times \left(\frac{LHV_2}{LHV_1} \right) \times \sqrt{\left(\frac{MW_1 \times T_1}{MW_2 \times T_2} \right)} - 14.7$$

예시 현재 공급되는 Fuel Gas의 운전압력=25psig, 열량 LHV_2 = 913Btu/scf, MW_2 = 17.16일 때, 향후 연료 중 H_2 함량이 25% 정도 증가될 경우, 운전압력은 얼마가 될까.

상기 공식에 각 변수를 대입하면,

$$P_1 = (25 + 14.7) \times \left(\frac{913}{785}\right) \times \sqrt{\left(\frac{14.13 \times T_1}{17.16 \times T_2}\right)} - 14.7 = 27\,psig$$

2) 연소공기 측면에서 주의할 사항

연소공기는 가열로의 Draft에 의하여 공급되는데, 연소공기의 속도가 빠를수록 연료와 Mixing이 원활하게 이뤄져 연소 효율이 상승된다. 그러나 현실적으로 연소공기의 속도를 직접 측정하는 것은 불가능하기 때문에, Burner 전후단에서의 Draft 압력강하(⊿P)값을 Monitoring하여 설계치에 부합되도록 운전하는 것이 타당하다. 분사된 연료와 연소공기가 효율적으로 Mixing 되기 위해서는 Mixing Zone을 최적화 하는 것이 필요한데, 이러한 목적으로 Burner의 Throat 부위를 중심으로 연료분사 위치와 연소공기 속도 최대 지점을 설정하며, 그림 2.29와 같이 Throat 부위 Elevation에서 Nozzle Tip으로부터 연료가 분사되는 최대 속도 지점을 위치하게 하고, 그 지점에서 연소공기 속도를 최대로 유지하기 위한 일종의 Orifice 개념을 도입하여 연소공기 공급 최적지점 설계가 수행된다.

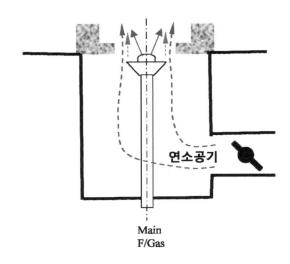

연소공기

Main
F/Gas

그림 2.29 ▮ Burner Throat에서 연료와 연소공기의 Mixing

(1) Raw Gas Burner의 연료와 연소공기 Mixing을 위한 Throat 역할 이해하기

연료와 연소공기를 혼합하는 방식에는 Diffusion Type 및 Pre-Mix Type 등 크게 2가지로 나눌 수 있으며, 그림 2.30에 표시된 Diffusion Type은(혹은 Raw Gas Type) Burner Nozzle Tip에서 연료 압력에 의해 분사된 연료가 연소공기와 Mixing 되는 원리로서 연료가 분사된 이후에 연소공기와 혼합되는 형태이다. Nozzle Tip의 Drilling Size 및 방향에 의하여 Flame 모양과 연소공기와의 Mixing 효율이 결정되며, 통상적인 Turndown 비율은 10:1 로서 Flashback 위험성이 없기 때문에, 다양한 연료 사용이 가능하나, Tip Drilling Size가 작기 때문에 Tip Plugging 가능성이 상대적으로 크고, Flame이 큰 단점이 있게 된다.

따라서, 연소공기와 Mixing 효율을 향상시키기 위하여 Burner Tile에서 연소공기 유속이 증가되도록 Orifice 형태의 Throat위치에서 연료가 분사되도록 Nozzle Tip Elevation이 맞춰져 설계되므로, Burne 청소, 분리 등 정비 작업 시에는 반드시 이러한 요구 사항이 지켜질 수 있도록, 도면 확인 및 검사 절차가 수반되어야 한다.

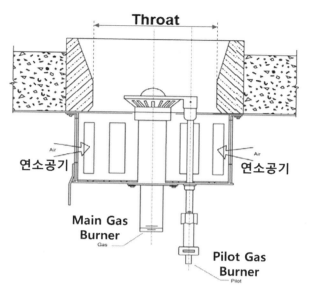

그림 2.30 ▮ Diffusion Type Burner

(2) Pre-Mix Type Burner의 연료와 연소공기 Mixing 원리 이해하기

그림 2.31에 표시된 Pre-Mix Type은 연료의 분사 압력에 의하여 주위의 연소공기가 Inducing되어(Self-Aspirated) Mixing 되는 형태로서, Mixing된 연료와 연소공기가 함께 Nozzle을 통해 분사되는 형태이다. 분사되기 전에 Mixing이 완료된 상태이기 때문에, 연소공기 속도 증가를 위한 별도의 Throat는 고려할 필요가 없게 된다(아래 그림처럼 Burner Tile에 Orifice가 없고 수직형태임).

연료의 압력에 따라 연소공기 비율이 자동으로 맞춰지고, Mixing 효율이 높아 Compact한 Flame 형성이 가능하며 Plugging 가능성이 거의 없는 반면, Turndown 비율이 3:1로 매우 낮으며, 연료와 연소공기가 Mixing된 상태로 운전되기 때문에 H_2 함량이 높은 연료의 경우 Flashback 위험성이(Flame을 거슬러 역화되는 현상) 크고, 사용 연료 또한 선택범위가 제한적인 단점이 있다.

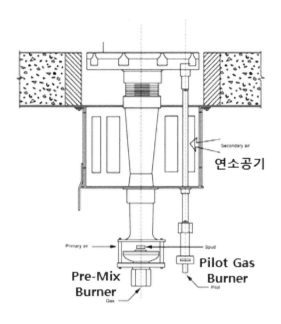

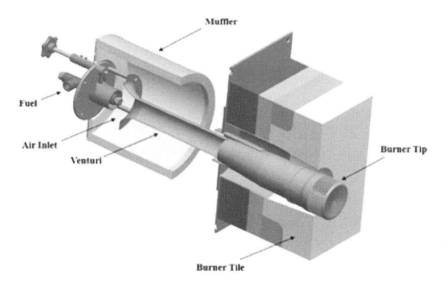

그림 2.31 ▮ Pre-Mix Type Burner

3) 안전한 점화(Ignition)를 위한 Pilot Burner 설계 원리 살펴보기

Burner에서 초기 Flame을 만들기 위해서는 점화 작업이 필수적이다. Process Burner는 Main Burner와 Pilot Burner로(그림 2.32 참조 - 그림의 Box 형태와 연결 Wire는 각각 전기 Spark Ignition 설비와 Flame Detection 목적의 Ionization Flame Rod가 구비된 형태임) 구성된다. Main Burner는 가열로에서 요구되는 열량을 공급하기 위한 목적이며, Pilot Burner는 Main Burner의 Flame을 유지시켜 주기 위한 목적이다(Pilot Burner의 점화는 전기 점화 혹은 Torch를 활용한 Manual 점화 방식을 사용). 따라서, Pilot Burner는 Burner 가동 초기에 Main Burner Flame을 점화해 주는 역할 뿐만 아니라, 운전 중 상시 점화된 상태가 유지되도록 설계되어, 순간적으로 Main Flame에 문제가 발생되었을 경우에도, 보조적인 점화 역할 수행이 가능하게 된다.

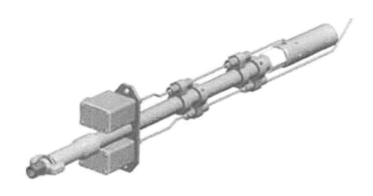

출처 : John Zink 제품 Catalogue

그림 2.32 ▌ Pilot Burner(전기 점화 및 Flame 감지 장비를 구비하고 있음)

이렇게 가동 초기 Main Burner에 대한 점화 역할 뿐만 아니라, 운전 중 지속적인 점화원 공급이 가능한 이유는, Pilot Burner의 형태가 Pre-Mix Type이기 때문이다. 그림 2.33에 표시된 바와 같이, 작은 Nozzle(직경 1.2mm)을 통과하여 분사되는 Pilot Gas의 속도에 의하여 주변의 대기를 Pilot Burner 자체적으로 흡입하므로서, Pilot Gas와 연소공기가 Mixing 되어, 가열로 연소공기 불안정으로 인한 Main Burner Flame 이상 상황에서도, 독립적으로 Pilot Burner Flame을 유지할 수 있는 원리이다.

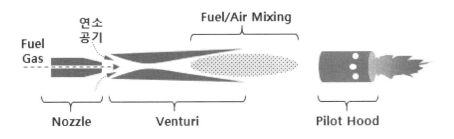

그림 2.33 ▌ Pilot Burner 작동 원리 및 각 부분 명칭

그림 2.34는 실제 Air Mixing Orifice로서, 가운데 보이는 접시 모양의 조절나사를 돌려 연소 공기 양을 조정하여 최적의 Flame 상태를 유지하여야 한다.

출처 : Zeeco Technical Paper

그림 2.34 ▌ Pilot Burner Air Mixing Orifice 분해 모습

그러나 많은 경우, Air Mixing Orifice 관리가 소홀하여 먼지 등 이물질에 막혀 있거나 (그림 2.35), 아니면 아예 닫아놓고 운전함으로써, 정작 Pilot Burner의 주목적인 비상시 Main Burner 재점화 역할을 수행하지 못하게 되는 경우도 종종 발생된다.

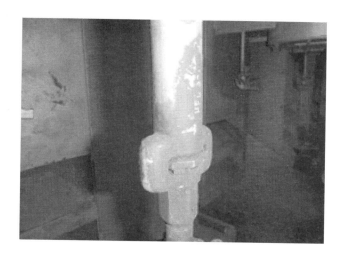

그림 2.35 ┃ Pilot Burner Air Mixing Orifice 막힌 모습

또한, Pilot Burner의 연료 Nozzle 막힘 혹은 가열로 내부 과도한 정압 등과 같은 상황에서는 Pilot Burner 역시 소화될 가능성도 배제할 수 없기 때문에, 1차적으로 주기적인 순찰을 통한 Pilot Flame 관찰 및 점검이 필요하며, 2차적으로는 Instrument를 통한 Pilot Burner의 연료 압력 Monitoring 혹은 상시 Flame Detection과 같은 수단을 활용하여 항상 안정적인 Flame이 유지되도록 하여야 한다.

안정적인 점화 역할을 수행하기 위해서는, Pilot Burner는 최소 75,000Btu/h 이상의 열량을 유지할 수 있도록 설계되어야 하며, 운전 또한 설계된 열량이 유지될 수 있도록 Pilot Burner의 Air Mixing Orifice를 충분히 열어, 그림 2.36과 같이 Pilot Burner의 Hood가 빨갛게 달궈진 상태가 되도록 하여야 한다.

그림 2.36 ▏ Pilot Burner 운전 모습(충분한 연소공기 공급으로 Flame 열량 및 형상 유지하여야 함)

간혹 Pilot Burner 끝에 위치한 Hood가 달궈져 운전되면, 고온에 의하여 금방 손상될 것을 우려하여, Air Mixing Orifice를 닫아 Pilot Flame을 작게 유지하거나 너풀거리는 모양으로 운전하기도 하는데, 이럴 경우 설계된 Pilot Burner Heat Release(75,000 Btu/h) 미만의 열량으로 충분한 Ignition Source가 되지 못할 수 있으며, 또한 충분치 못한 연소공기(Aspirating Air)에 의한 불안정한 Flame이 형성되므로, 외부 영향(Draft 변화 등)에 쉽게 Flame이 소화될 가능성이 있게 된다.

2.3.4 NOx 저감 방법 알아보기

질소가(N_2) 산소와(O_2) 반응 시 안정적인 NO_2를 생성하지 못하고, 불안정한 NO와 같은 화합물을 발생시키는 현상으로, 이렇게 비정상적으로 발생된 NO 계통화합물을 통칭하여 NOx라고 한다. NOx 는 불안정하기 때문에 쉽게 H_2O와 결합하여 인체 및 환경에 유해한 유독성 물질로 변하게 된다.

특히 이러한 비정상적인 화학 반응은 연소과정에서 많이 발생되는데, 그것은 고온의 연소열에 의하여 반응 과정에서 불안정한 환경이 조성되기 때문이다.

NOx는 크게 연료 중 포함된 N 성분에 의해 발생되는 Fuel NOx (일반적인 연료 중에는 N 함량이 1% 미만이기 때문에 Fuel NOx 배출양은 미미한 정도임), 높은 연소 온도 환경에서 연소 공기(대기)에 포함된 N_2에 의해 발생되는 Thermal NOx, 그리고 미량이지만 연료 성분의 C와 N이 결합하여 CN화합물에 의해 생성되는 Prompt NOx로 나누어진다. 이 중에서 특히 Thermal NOx는 1,000℃ 이상 온도에서 급격하게 증가되며, 거의 모든 연소 과정에서 발생되고, 전체 NOx 생성량의 95% 이상을 차지한다.

1) 운전 변수와 NOx와의 상관관계 살펴보기

Thermal NOx는 운전 조건에 따라 많은 영향을 받는데, 주로 Excess Air 함량, 연소공기 온도(Air Preheater 장착의 경우), 그리고 화실 온도, 연료 중 H_2 함량(H_2 농도가 높을수록 Flame 온도가 상승하여 NOx 증가됨) 등, 각 운전 변수 별 NOx와의 상관관계는 아래 그림 2.37의 그래프와 같이 표시될 수 있다.

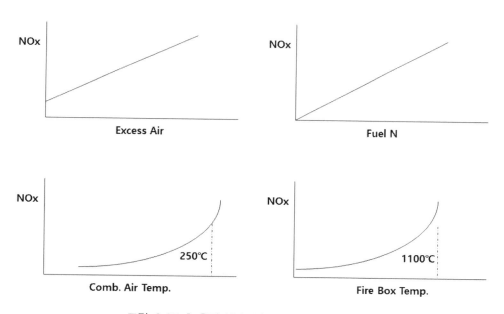

그림 2.37 ▌ 운전 변수 별 NOx 발생량 Graph

따라서, Thermal NOx를 저감하기 위해서는 기본적으로 Flame 온도를 낮추는 것이 필요하게 된다. 이러한 개념을 바탕으로 Low NOx Burner 설계가 수행되는데, 연소 반응이 발생되는 구간에서 Flame 온도 하강에 의한 Thermal NOx 저감 방안을 기초로 하여, 그림 2.38과 같이 Staged Air, Staged Fuel 그리고 IFGR (Internal Flue Gas Recirculation) 방법이 주로 채택되고 있으며, 각 방식의 NOx 배출량은 70 ppm, 50 ppm, 20 ppm 내외의 수치를 보여주고 있다.

Staging – Fuel / Air

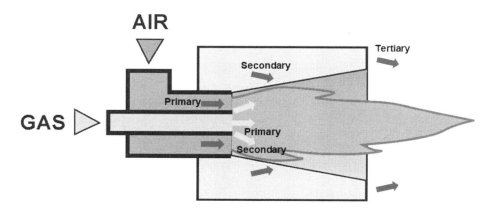

그림 2.38 ▌ 연료 및 연소공기 다단 연소 원리

2) Staged Air 적용 방안 이해하기

연소 공기 공급을 한꺼번에 주입하는 대신에, 단계적으로(1, 2, 3차) 공급하여 연소가 지연되도록 하는 방법으로서, 연소 지연에 따라 Flame 온도가 감소되어 Thermal NOx양이 감소되는 원리이다. Flame의 뿌리 부분으로 공급되는 Air를 Primary Air라고 부르며(전체 필요 연소 공기의 60% 미만 공급), 연소의 중심 역할을 수행한다. Secondary Air는 Flame의 옆구리로 공급되는 Air로서 부족한 Primary Air에 의해 미연소된 연료를 다시 지연 연소시키는 목적이다. 그리고 마지막으로

Tertiary Air는 Flame의 끝부분에 공급되는 Air로서 지연연소 및 Flame 온도 저감 등 NOx저감의 주요한 역할을 수행하게 된다. 연소 공기의 적절한 분배에 따른 NOx 저감 방식으로 이론적으로는 문제가 없으나, 실제 운전에서는 각 Stage별 Air 미세조정이 매우 어려워서, Flame이 지나치게 길어지고, NOx 저감 효과가 Stage Fuel 방식에 비하여 그리 크지 않은 단점이 있다.

3) Staged Fuel 적용 방안 이해하기

연료를 단계별로 공급하는 방식으로서, Primary Zone에서 전체 연료의 40% 미만만 공급하여 아주 높은 비율의 Excess Air 연소 환경을 조성하여 Flame 온도를 상대적으로 낮게 유지하는 기술이다. Secondary Zone으로 나머지 연료를 높은 압력으로 분사시켜 2차 연소가 이뤄지도록 하여, 지연 연소에 의한 Flame 온도를 낮추는 장점이 있다.

그러나 Staged Fuel 양이 증가될수록 NOx 발생량은 감소되지만, 상대적으로 Primary Fuel의 배분 비율이 적어지게 되므로, Turndown Ratio 조절이 매운 어려운(소용량 Burner의 경우 2:1 Turndown 상황만 되어도 Control이 어렵고 Flame이 불안정함) 단점이 있게 된다.

4) IFGR(Internal Flue Gas Recirculation) 적용 방안 이해하기

가장 발달된 최신 기술로서, 아래 그림에 표시된 것처럼, Burner 중심에는 Fuel Gas Tip이 없으며, 대신 Burner Tile 외부에 위치한 Primary Gas Tip(아래 그림 안쪽 Burner Tip)에서 Burner Tile의 Hole을 통하여 연소공기 쪽으로 수직 방향의 연료가 분사되는 형태이다.

Primary Gas Tip의 높은 분사 유속에 의하여 가열로 내부의 고온 Flue Gas를 Inducing하여 Flame 온도를 감소시키고, 또한 연소 생성물 중 Moisture가 Primary Combustion Zone에 자연스럽게 유입되면서 NOx 생성이 억제되는 원리이다. 장점으로는 Excess Air를 기존 Low NOx Burner 대비 50%까지 저감 가능하며, High Turndown Ratio 유지가 가능할 뿐만 아니라, Compact한 Flame 생성이 쉽게 이뤄지고, Tip Plugging 가능성도 낮게 된다. 그러나, Flame 온도 감소에 의하여 가열로 복사부의 복사 열전달이 약 2% 정도 감소되는 경향이 있다.

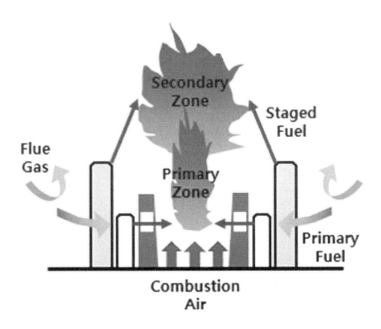

그림 2.39 ▌ IFGR Burner NOx 저감 연소 원리

CHAPTER 03

SIS(Safety Instrumented System) 구성 설계 개념 파악하기

안전 확보와 위험 요소 제거는 모든 회사의 최대 관심 사항이며, 적절한 Protective System을 통한 사고 방지 및 안정 운전이 지속되도록 하여야 한다. 그림 3.1과 같이 운전 중 발생 가능한 상황은 크게 정상 운전, 비상 가동 정지, 그리고 비상 상황에 대한 안전한 조치 등으로 구분될 수 있는데, 특히 상부에 표시된 직접적인 사고로 진전되기 전에 적절한 예방 조치가 수반되어야 하고, 비록 사고가 발생되더라도 영향을 최소화할 수 있는 방안이 미리 설계 고려되어야 한다. 즉, 운전원의 숙련도나 Skill이 높다고 하여도, 예측되지 못한 비상 상황이나 조그만 실수 등(맨 밑의 정상 운전 범위를 벗어나는 상황)에 의해 대형 사고로 이어지는 상황을 방지하기 위하여, 발생 가능한 모든 상황에 대비하여 적절하게 설계된 Instrument Control Logic에(중간 Prevent S/D System 부분) 의한 Safety Protection Layer를 갖추어야 한다.

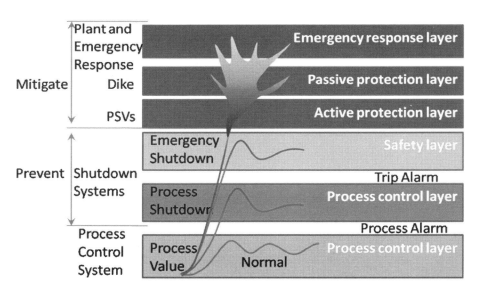

출처 : Wikidepia

그림 3.1 ┃ Safety Layer Protection

그림 3.2는 Swiss Cheese Model이라고 불리는 개념도로서, Cheese의 구멍이 많거나, 설사 적더라도 그것이 서로 겹쳐지는 경우에는 불행하게 사고로 이어지게 된다는 모습을 보여주고 있다. 대부분의 예상되는 Hazard에 대해서는 설계 단계에서 이미 Filtering 되어 규격에 맞는 Plant 및 설비가 설치되게 되지만, 간혹 설치 오류, 운전 불량 및 미숙, 정비 불량 등의 위험요소가 겹쳐지는 상황이 발생되면, Cheese구멍을 통과하여 결국 사고로 이어지는 과정을 설명하고 있다.

덧붙여, Cheese 구멍이 많다는 것은, 그만큼 설계나 운전 그리고 사고 대처 상황에서 실수 여지가 많다는 것을 의미한다. 그리고 구멍이 적음에도 불구하고 서로 겹쳐진다는 것은 설계, 운전, 사고 대처 등에 적지 않은 비용과 시간을 투입하였음에도 불구하고, 각 해당 조직별로 협업이나 조화가 이뤄지지 못하여, 결국에는 사고로 이어질 수 있다는 시사점을 얻을 수 있게 된다.

그러나 Plant 특성상, 100% 무인 운전되는 환경이 아니므로, 설계를 통하여 Cheese 구멍을 완벽하게 없애는 것은 비현실적일 뿐만 아니라, 불가능한 것을 인식하여야 한다. 따라서, 가능한 최적의 설계를 통하여 Cheese 구멍 크기와 개수를 최소화하는 노력이 필요하며, 그럼에도 불구하고 구멍이 불가피하게 존재할 수밖에 없다는 것을 수용하고, 다만 구멍이 서로 겹쳐지지 않도록 조직의 협업과 각 개인의 노력이 밑바탕 되어야 한다.

예전에 인도네시아 어느 정유공장에 가열로 폭발 복구 사업 목적으로 출장을 간 적이 있었는데, 도착하자마자 회의실 입구에 진열된 수많은 트로피를 보고 적지 않게 놀란 적이 있었다. 그것은 전국 소방대회에서 매번 1 등을 차지하였다는 증표였는데, 실제로 가열로 폭발사고가 발생되었음에도 불구하고, 해당 소방자위대의 신속한 화재 진압 덕분에 피해가 최소화될 수 있었다는 것이었다.

따라서, 주어진 환경에 따라, 각 Cheese Layer의 설계 방침이 상이할 수 있으므로, Plant의 특성 및 구성원의 역량 수준 등에 따라 적합한 Protection Layer를 구성하는 것이 좋다. 예를 들면, 예전에 설계된 노후화 설비 위주의 Plant의 경우에는, 이것을 대규모 투자비를 투입하여 최신 설비로 개조작업을 수행하는 Preventive 조치에 초점을 맞추기 보다는, 행여 Failure가 발생되더라도 안전하게 조치를 취할 수 있는 Mitigating 쪽에 주안점을 두는 것이 최적의 방안일 수 있다. 즉, 설계상 취약점을 명확히 인지하고, 이것에 대한 대책 방안을 조직간의 협업을 통하여(예: 운전에서 실수하더라도 정비조직에서 Cover해 주고, 최악의 경우에라도 소방 조직에서 진압할 수 있도록 규정과 절차 및 훈련을 일상화 함) 확고하게 수립하는 것을 고려할 수 있는 것이다.

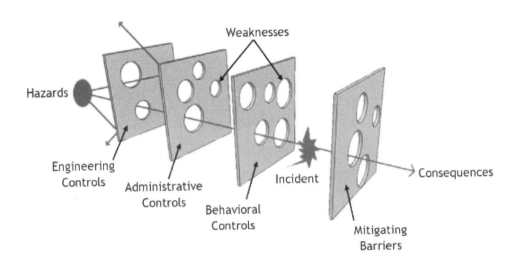

출처 : Process Safety Across the Chemical Engineering Curriculum by H. S. Fogler

그림 3.2 ▌ Swiss Cheese Model - Protection Layer

3.2 가열로 사고 원인 분석해 보기

특히, 가열로는 연료의 연소가 항상 수반되는 설비이므로, 잠재적으로 폭발과 Tube Rupture에 의한 대형 화재 위험성이 높을 수 밖에 없다. 가열로 폭발 사고는 (그림 3.3 참조) 매년 전 세계적으로 5건 이상 꾸준히 발생되는데, 통계적으로 주로 초기 가동 시 Burner의 점화 과정에서 혹은 운전 중 Flame Out 상황에 대처하는 과정에서 발생되고 있다. 폭발이 발생되면 통상적으로 가열로 본체가 크게 손상될 뿐만 아니라, 심한 경우에는 대류부가 무너져 버리는 상황까지(Convection Coil 무게로 인하여) 이어지기도 한다. 폭발의 원인은 크게 2가지로 구분할 수 있는데, 첫 번째는 Flame Out에 의한 것이고, 두 번째는 Fuel Shut-Off Valve의 Leak에 기인하는 것이다. 2가지 경우 모두 가열로 내부 Flame이 매우 불안정하거나 소화된 상태에서 연료가 지속적으로 공급되면서 어느 순간 점화원을 만나 갑작스런 폭발로 이어지는 경우이다. 따라서 운전 중 항상 Flame이 정상적으로 유지되도록 하여야 하며, ESD(Emergency Shutdown, 비상가동정지) 상황 하에서 Fuel Shut Off Valve가 Leak 되는 일이 없도록 철저하게 점검 및 확인하는 것이 필요하다.

그림 3.3 ▌ 가열로 폭발 사고 사진

그 다음으로 Tube Rupture 사고는 주로 Process Feed의 흐름 중단 혹은 Tube 의 과열에 기인하는 것으로 보고되고 있다.

지난 50여 년간 가열로 폭발 사고사례 분석 결과, 가열로 폭발의 원인과 사고 유발 항목을 정리하면 아래 표와 같으며, 주요 원인은 점화 지연 및 Purge 미흡 등 운전 절차 부재 혹은 미준수 그리고 Pilot Burner 정비 불량에 기인하는 것으로 조사된다.

표 3.1 ▌ 가열로 폭발 사고원인 분석(지난 50년간 사례분석결과)

출처 : CCPS(Center for Chemical Process Safety)

원인	유발 항목		비고
	설비	운전	
S/U 시 부적절한 Purge	✓ Single 로 설치된 Shut Off Valve의 Leak	✓ Purge 시간 부족 ✓ Purge 양 부족	Note 1
부적절한 절차	✓ Purge Logic 부재	✓ Purge 없이 점화 시도 ✓ Logic By-pass	Note 2
S/U 시 점화 지연	✓ Pilot Burner 불량 ✓ Pilot 점화용 Torch 불량	✓ Purge 양 부족	Note 3
연료/연소공기 비율 불량에 의한 Flame Out	✓ Burner Air Register 불량 ✓ 연료/연소공기 비율 Control 불량	✓ 과도한 Draft ✓ 연료 성상, 압력 불안정 ✓ 연료 중 수분, 이물질 함유	Note 4
정비 불량	✓ 연료 배관의 Fouling ✓ Pilot Burner 불량 ✓ Air register 불량		Note 5

Note 1) Single로 설치된 Shut-Off Valve는 연료 Leak에 대하여 적절하게 대처할 수 없으므로, 반드시 Double Block Valve 형태로 구성되어야 함.

Note 2) S/U 절차에는 아래 사항이 명시되어야 함 :

- Pilot Burner 점화 시 최대 허용 시간
- Pilot Burner 에 의한 Main Burner 점화 시 최대 허용 시간
- 점화 과정에서의 연소공기 Flow Rate 등 적정량
- Pilot Burner 에 의한 Main Burner 점화 시 최대 허용 연료 Flow Rate 및 압력
- Pilot Burner에 의한 Main Burner 점화 시 Full Purge이전 최대 허용 횟수

Note 3) Pilot Burner는 연료 및 연소공기가 충분히 공급되도록 하여 설계 최소 열량인 75,000 Btu/h 를 유지하여야 함.

Note 4) Burner는 설계 범위 이내에서 운전되어야 하고, 특히 S/U 시에는 충분한 Excess Air를 공급해야 하며, 연료 배관에 적절한 Filter가 설치되어 이물질이 Shut Off Valve의 Seat나 Burner Orifice에 침적되지 않도록 하여야 함. Fuel Gas 중 포함된 수분이나 Mist 성분을 제거하기 위한 목적으로 Coalescer Filer 설치가 추천됨.

Note 5) 예방 정비 System을 구비하고 준수할 것을 추천함.

간혹, 가열로 안전 확보를 위하여 SIS(Safety Instrumented System)에 의한 Interlock을(자동 연료 차단 및 S/D) 과도하게 많이 설계에 반영하는 경우가 있는데, 그만큼 S/D의 빈도도 높아진다는 것을 유념해야 한다. 특히, 가열로 사고는 가동 초기 S/U 및 Emergency S/D을 추스르는 과정에서 빈번하게 발생되는데, 이는 마치 '항공기 이착륙시 사고가 잦음'과 유사한 상황으로서, 되도록이면 Emergency 상황을 최소화하는 것이 사고 예방의 지름길이 된다. 따라서, 가열로 안전에 요구되는 꼭 필요한 Code만 선별하여, 그 내용을 명확히 이해하고, 적재적소에 적용하는 것이 필요하며, 불필요한 S/D을 방지하고 신속하게 대처할 수 있도록 단순 명료하게 Logic을 구성하여야 한다.

3.3 SIL(Safety Integrity Level) 개념 살펴보기

SIL은 SIS(Safety Instrumented System)의 성능을 안전하게 발휘할 수 있는 확률 수치로 표시한 것으로서, 미국 IEC(International Electrotechnical Commission)협회에서 구체적인 계산 방법 및 절차를 명시하고 있으며, 아래 표 3.2와 같이 4단계로 나눠진다. 여기서 주목할 사항이 IEC라는 협회에서 작성한 절차라는 것인데, 협회의 특성을 고려하여, 주로 Instrument의 신뢰도 확보에 초점을 맞추고 있다는 점이다. 한국산업안전공단에서도 동일한 절차와 구체적인 방법을 'KOSHA Guide'로 발간하고 있다. 참고로, 석유화학 등 주요 산업체 공장의 통상적인 SIL은 2 이하로 설정된다.

표 3.2 ▌ SIL 등급 및 Failure 확률

Safety Integrity Level	Risk Reduction Factor	Probability of Failure on Demand
SIL 4	100,000 to 10,000	10^{-5} to 10^{-4}
SIL 3	10,000 to 1,000	10^{-4} to 10^{-3}
SIL 2	1,000 to 1000	10^{-3} to 10^{-2}
SIL 1	100 to 10	10^{-2} to 10^{-1}

3.3.1 SIF(Safety Instrumented Function) 과 SIS(Safety Instrumented System)

SIS는 SIF의 조합으로 이뤄지며, 단위 SIF는 아래 그림과 같이 'Sensor + Logic Solver + Control Element' 로 개별 구성된다. 즉, 측정되는 운전 변수에 대하여 그것이 설계된 범위를 벗어날 경우, Logic Solver에 의하여 자동으로 연산되어 작동되도록 설계하여, 비정상적인 상황으로 이어지지 않도록(혹은 사고로 이어지기 전에 자동으로 S/D되도록) 구성된 단위 Instrument Unit이다. 전자의 설계 개념이 사고 발생 전에 조치하는 Preventive(예방) SIF이고, 후자가 사고 이후 조치하는 Mitigative(영향 최소화) SIF가 된다.

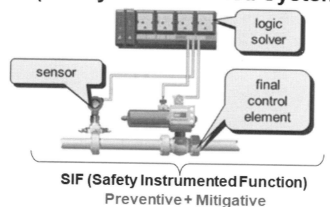

그림 3.4 ▎ SIF 및 SIS 구성 개략도

공정의 Safety를 확보하기 위하여, 맨 처음 수행하는 단계가 HAZOP(Hazard and Operability) Study와 LOPA(Layer of Protection Analysis)인데, 즉, 예상되는 Failure Scenario에 대하여 어떻게 하면 Instrument System 설계에 의하여 사고로 이어지지 않도록 하는 일련의 안전 확보 절차이다.

Safety 확보를 위한 Instrument System 설계를 수행하다 보면, 'Safety'라는 강박관념 아래, 통상적으로 과도한 조치사항들이 복잡하게 추가되는 경향이 있게 마련이다. 특히, 이러한 단계를 전적으로 엔지니어링 회사나 3rd Party쪽에 일임할 경우에는 더욱 더 Safe한 쪽에만 초점이 맞춰져 종종 Over-Design 되기도 한다. Safety에 있어서, 습관적으로 '+' 라는 개념에는 관대하지만, '-' 쪽의 최적화 및 단순화 방향에는 망설임이 있는 것은 피할 수 없는 현실이다. 그러나, System이 복잡하면 복잡할수록 그만큼 제대로 작동될 확률은 감소될 수 밖에 없으며,

설사 제대로 작동되더라도 무엇 때문에 그렇게 되었는지 과정을 파악하기 힘든 경우가 발생되기도 한다. 이렇게 자동으로 Instrument System에 의한 S/D 결과에 대하여, 조급한 정상화 및 복원 욕심으로 적절한 조치가 제 때에 제대로 이뤄지지 못하는 경우, 도리어 더 큰 사고로 이어질 수 있음을 간과해서는 안 된다.

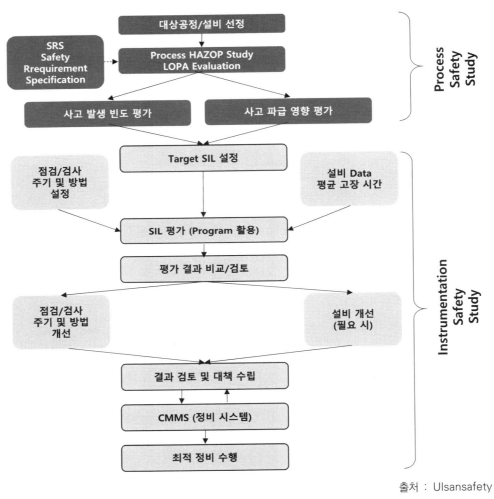

출처 : Ulsansafety

그림 3.5 ┃ SIL Study Flow Chart

따라서, 이러한 정성적인 접근 및 평가로 인한 Over-Design 및 운전 실수 가능성을 최소화하기 위한 목적으로, IEC협회에서 확률적인 수치로 이러한 절차 및 결과를 정량적으로 표시한 것이 SIL의 개념이다. 즉, HAZOP 및 LOPA에 의하여 요구되는 SIL이 정해지면, 이것을 충족시키기 위하여, 각 예상 발생확률을 최소화하기 위한 Instrument System을 설계하는 것이 SIL Study이다. SIL Study를 통하여 결과가 정량적인 수치로 표시됨으로서, Instrument System(개별 Instrument 선정 및 Logic 구성 등) 설계가 최적으로 수행될 수 있으며, 막연한 감에 의존한 과도하거나 미흡한 설계로 인한 사고 발생 확률을 최소화할 수 있게 되는 것이다(그림 3.5 SIL Study Flow Chart 참조). 여기에서 반드시 숙지하여야 할 사항은, SIL의 가장 기본적이고 중요한 출발점 및 Level 설정은 반드시 Process 검토라는 것이다. Process 전문가에 의하여 HAZOP과 LOPA가 완벽하게 수행되어야만, 그 다음 단계인 Instrument 설계에 의한 사고발생 확률이 최소화되는 과정으로 넘어가는 것이다. 다시 말하면, Process 적으로 문제를 우선 해결하지 않고, 단순히 모든 문제를 Instrument에 떠맡기는 오류를 범해서는 안된다는 것이다.

3.3.2 SIL Study 필요성과 적용 방안 이해하기

SIL Study 수행에서 정량적인 수치 도출을 위해서는 IEC에서 규정한 절차와 방법을 세세하게 따라야 한다. 그러나 여러 Instrument System이 복합적으로 얽혀 있고, 거기에다 각 단계별 운전 상황까지 고려하여, 모든 예상 변수에 대하여 수치적으로 확률을 계산하는 것은 많은 노력과 시간을 소요하게 되므로, 이러한 이유로 최근에는 상업적인 Software를 활용하여 SIL Study를 수행하게 된다.

SIL Study의 기본 개념은 Instrument를 통한 Safety 확보이므로, 결과적으로 Instrument 자체로는 충분히 Safe한 구성임에는 틀림없지만, Instrument의 신뢰도 확보를 위하여 간혹 너무 잦은 점검/정비가(PM) 필요하거나, 혹은 불필요한 (운전원이 충분히 안전하게 조치할 수 있음에도 불구하고, Instrument에 100% 판단을 맡기는 오류가 있어서는 안됨) Safe S/D으로 경제성 확보에 지장을 초래할 수도 있게 된다.

SIL Study는 분명 Safety 확보에 많은 장점이 있는 것이 사실이지만, 그렇다고 SIL Study를 무조건 수행하여야 하고, 그것이 만능이라는 생각은 위험할 수 있다. 표 3.1에서 예시된 가열로 폭발사고 원인 분석 결과와 같이, 약 90% 이상의 사고의 원인이 고도의 Instrument 미비로 인한 것이 아니라, 단순히 절차 미흡/미준수 혹은 정비 불량에 기인하고 있다는 것을 주지할 필요가 있다.

미국의 OSHA(Occupational Safety and Health Association - 산업안전보건국)에서 'SIL Study는 공정 위험 요소에 대하여 Instrument를 통한 사고확률을 최소화할 필요가 있을 경우에 수행하는 것이 필요하다(You will need to complete a Safety Integrity Level - SIL Analysis (or SIL study) if you have process hazards that need risk reduction using any means of safety instrumented system or safety instrumented function)'라고 명시한 것처럼, 특별히 문제가 되는 혹은 아주 Critical한 항목에 대하여 Instrument를 통하여 사고발생 확률을 최소화할 수 있다고 판단될 경우에 한하여 SIL Study를 수행하는 것이 바람직하다고 판단되는 이유이다. 즉, Instrument에만 전적으로 의존하지 않고서도, 이미 입증된 Protection Layer를 통하여 사고발생 확률을 충분히 낮출 수 있다면, 굳이 정량적인 수치 결과가 없더라도, 원하는 Safety 확보가 가능하게 될 것이다. 거창한 SIL Study 수행, 그리고 계산 수치 결과값보다는 지금 처한 환경에서 내가 어떤 역할을 수행하면 어떻게 Failure 확률이 감소되는 지, 자신을 중심으로 사고하고 행동하는 것이 Safety 확보의 지름길이 될 것이다.

3.4 가열로 관련 Code 이해 및 적용 방안 이해하기

가열로 Safety 확보를 위한 각종 Code 및 규정이 다양하게 제시되고 있지만, 간혹 부적절하게 적용됨으로서 과도한 Code 적용에 의한 불필요한 S/D 사례를 접하게 된다. Code에 규정된 요구 사항은 특정 운전 상황에 대하여 개략적으로 기술된 경우가 많으므로, Code를 적용할 때에는 해당 설비의 설계 및 운전조건과 부합되는지 면밀히 검토하는 것이 필요하다. 특히, 가열로는 설계 방법, 운전 변수, Plant 특성, 운전원의 Skill 등 여러 가지 각기 다른 환경 아래에서 운전되기 때문에, 상황 별 예상되는 Hazard 및 Risk에 대하여 주어진 환경에 적절히 대처할 수 있도록 종합적인 사항을 고려하여 설계되어야 한다. 이를 위해서는 우선적으로 Code와 규정에 대한 완벽한 이해가 필수적이며, 설비의 설계 지침 및 운전에 대해서도 해박한 지식을 갖추고 있어야 함은 물론이다. 특히 Code 나 규정에서는 효율적인 운전 방법, Flame 조절 방법, 불가피한 S/D 방지 방안 등과 같은 Know-How나 절차에 대해서는 구체적으로 언급하고 있지 않으므로, 단순히 설계 Manual처럼 사용되어서는 안되며, 내용상 아무리 이론적으로 문제가 없는 것처럼 보이더라도, 논리적인 Engineering 판단 기준이나 오랜 경험 Data 등을 대신할 수는 없는 것이다.

3.4.1 API와 NFPA 적용 대상 설비 비교

API(American Petroleum Institute) Standard Code 내용의 기본적인 방침은, Plant 내의 모든 설비는 자격을 갖춘 운전원에 의하여 24시간 항상 Full Supervision 되는 기준으로 작성된 반면, 연소 설비에 대한 Code로 잘 알려진 NFPA(National Fire Protection Association) Code나 ISO(International Standard Organization)는 무인 혹은 Remote Control 되는 운전 기준에도 부합되도록 내용이 기술되어 있다는 점이다. 따라서, 후자의 요구 수준 및 준수 사항은 API에 비하여 상당히 높다는 것을 인지 하여야 한다.

API와 NFPA에 대한 Code 구분과 적용 기준을 표 3.3과 같이 요약하였다.

표 3.3 ▮ NFPA 및 API Code 적용 범위 비교 요약

Code & Standard	Scope	Out of Scope
NFPA 85	Applies to gas, liquid and solid fired	Excludes process fired heaters
Boiler and Combustion Systems Hazards Code	boilers with a heat release exceeding 3.7MW. Covers combustion systems hazards, design and draft control equipment, safety interlocks, alarms, trips and other related controls that are essential to safe operation.	used in chemical and petroleum manufacture.
NFPA 86 Standards for Ovens and Furnaces	Applies to thermal oxidizers, incinerators and a number of applications such as (bakery) ovens, dryers and specialty furnaces.	Does not apply to process fired heaters used in the chemical and petroleum industry and designed in accordance with API 560 and API 556.
NFPA 87 Standards for Fluid Heaters	A fluid heater is considered to be any thermal fluid heater or process heater with the following features : − Fluid is flowing under pressure − Fluid is indirectly heated − Release of energy from combustion or electrical source	Does not apply to process fired heaters used in the chemical and petroleum industry and designed in accordance with API 560 and API 556.
API RP 556 Instrumentation and Control Systems for Fired Heaters and Steam Generators	Covers instrument, control and protective function installations for gas fired heaters and steam generators in petroleum refinery, hydrocarbon processing, petrochemical and chemical plants.	Does not cover − Oil fired and combination fired heaters − Water tube boilers designed for utility operation, HRSG − Ovens and furnaces for incinerating (NFPA 86) − CO boiler, pyrolysis furnace (ethylene/ethane), H_2 reformer and other specialty heaters.

상기 표에서 언급된 바와 같이, NFPA의 요구 사항은 Fired Heater에는 의무적으로 적용되지 않으며, 단지 참고 사항으로 경우에 따라 선택적 적용은 가능하다. 더군다나 NFPA의 요구 사항은 API에 비하여 엄격한 적용을 요구하고 있기 때문에, 자칫 Code 적용을 잘못하면 잦은 Safe S/D 등 비경제적인 결과를 초래할 수도 있음을 주지할 필요가 있다.

3.4.2 연소 설비 별 관련 Code 적용 Flow Chart

따라서 안전하고 경제적인 설비 운용을 위해서는 각 설비 특성에 맞춰서 최적의 설계 Code를 적용하는 것이 필요하다. 그림 3.6에 표시된 Flow Chart의 각 연소 설비에 대하여 해당 Code를 알맞게 적용하여, 불필요하고 과다한 Code 적용으로 발생되는 엉뚱한 손실을 최소화하는 것이 필요하다. 참고로 아래 Fluid Heater라고 표시된 것은 'Hot Oil Heater'가 대표적인 설비이며, 이것이 Process에 설치될 경우에는 API 기준을 따르고, 그렇지 않으면 NFPA 기준을 따르게 된다.

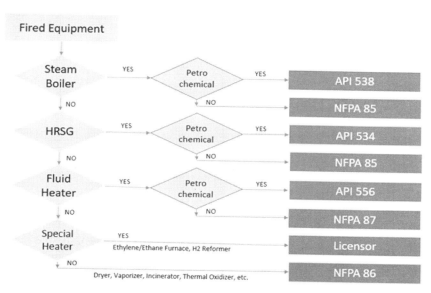

그림 3.6 ▌ 연소 설비 설계 시 Code 적용 Flow Chart

3.4.3 API RP 556 추천 Interlock 사항 이해하기

가열로와 관련된 Instrument Control 및 SIS(Safety Instrumented System) 관련 사항은 API RP 556(Instrumentation,Control, and Protective Systems for Gas Fired Heaters)에(그림 3.7 참조) 상세하게 기술되어 있다.

Instrumentation, Control, and Protective Systems for Gas Fired Heaters

API Recommended Practice 556, 2nd Edition

그림 3.7 ▮ API 556 표지 내용

참고로 표 3.4는 API 556에 예시된 가열로 Cause and Effects Table이다. 가열로에서 발생되는 각 Emergency 상황에 대하여 연료를 어떻게 자동으로 차단(Interlock) 시키는지에 대한 요약자료로서, Main Burner의 Fuel Gas 압력에 이상이 발생될 경우(Limit 값을 초과)에는 Main Burner Fuel Gas만 Close하고(Pilot Gas는 살아있음), 반대로 Pilot Gas 압력에 이상이 발생되었을 때 Pilot Gas만 Close하도록 권고하고 있으며, 노내 Draft 이상으로 정압이 발생되었을 때에도 Main Burner Fuel Gas만 Close 하도록 기술하고 있다. 다만, API 556의 설계 기준은 Pilot Gas에 대하여 Main Fuel Gas와 별도로 Header를 구성하고, Pilot Gas로 절대로 Refinery Gas를 사용해서는 안되며 Clean한 연료를 사용해야 한다고 명시하고 있다(Pilot gas should be from a reliable and clean source separate from the main burners so that both supplies are not simultaneously interrupted by a single contingency such as power or instrument failure).

특히, 표 3.4의 3.4.4.1에 표시된 'Accumulation of Combustible', 'Loss of Flame' 항목에 대해서는 이러한 상황을 어떻게 적절하게 감지할 수 있는지가 매우 중요한 사항이 된다. 통상적으로 단순하게 생각하여, Flame Detection 계기를 장착하고, 그것을 Fuel Interlock에 묶어 SIS를 구성하면 된다고 생각할 수 있는데, 문제는 Flame Detection 계기의 신뢰도가 충분히 높지 않다는(계기의 신뢰도를 유지하기 위해서는 주기적인 점검과 정비 그리고 잦은 교체 작업 등 고도의 PM(Preventive Maintenance)가 필요하게 됨) 현실을 주지할 필요가 있다.

따라서, Flame Loss를 직접적으로 감지하는 계기 쪽에 주안점을 두기 보다는, Flame Loss를 유발하는 상황을 미리 방지하는 쪽으로 SIS를 구성하는 것이 보다 현실적이고 확실한 Protection Layer가 될 수 있는 것이다. 즉, Flame Loss의 대표적인 원인이 운전 중 Fuel Gas에 포함된 다량의 Liquid가 갑자기 Carry-Over되어 Burner 작동을 멈추게 하는 것이므로, 이것을 사전에 감지 및 방지할 수 있도록 Knock-Out Drum에 Liquid Level 감지 계기를 강화하거나, 아니면 별도의 Knock-Out Pot를 Burner 전단에 설치하는 방안이 많이 채택되고 있다.

표 3.4 ▌ Cause & Effect Table

Section 3.4.4 Protective Functions	Natural Draft		Trip to Mode	Forced/Balanced/Induced Draft					
	Fuel Gas[2]	Pilot Gas[9]		Fuel Gas	Pilot Gas[9]	Stack Damper	Forced Draft Fan	Induced Draft Fan	Natural Draft Doors
3.4.4.1 Accumulation of Combustibles within the Firebox, Loss of Flame	Close			Close					
3.4.4.2 Low Fuel Gas Burner Pressure	Close			Close					
3.4.4.3 High Fuel Gas Burner Pressure	Close			Close					
3.4.4.4 Low Combustion Air Flow or Loss of FD Fan			ND			Open	Off[3]	Off[3]	Open
				Close					
3.4.4.5 Failure of Dropout Doors to Open, upon trip to ND mode				Close					
3.4.4.6 Low Draft (High Firebox Pressure) or Loss of ID Fan	Close[4]		FD			Open		Off[3]	
				Close[5]					
3.4.4.7 Failure of Stack Damper to Open				Close					
3.4.4.10 Low Pilot Gas Pressure		Close			Close				
3.4.4.11 High Pilot Gas Pressure		Close			Close				
3.4.4.12 Low Charge or Feed Flow	Close[6]			Close[6]					
3.4.5 Fuel Gas Manual Shutdown	Close			Close					
3.4.5 Total Manual Shutdown (Emergency Shutdown)	Close	Close[7]		Close	Close[7]	Open[8]	Off[8]	Off[8]	Open[8]

출처 : API 556

3.4.4 Flame Detection 관련 Code 요구 사항 및 Pilot Burner 적용 개념 이해하기

예전에 어떤 공장장이 이 가열로는 왜 자꾸 쓸데없이 S/D되는지 모르겠다면서 하소연하곤 했는데, 그 분 생각에는 누군가 어련히 사용자의 입장을 충분히 반영해서 설계를 잘 했을 것이라는 생각이 머릿속에 자리 잡고 있을 것이다. 그러나 가열로와 같이 처음부터 사용자의 요구 사항이 상세하게 반영되어 설계되어야 하는 설비는 절대로 주인이 아닌 남이 주인을 대신할 수는 없으며, 만약 대신하여 설계 했다면, 분명 누구라도 안전을 핑계로 웬만하면 S/D 되도록 설계할 것이다. 그렇게 되면 불필요한 S/D이 빈번해지고, 이렇게 쓸데없이 S/D이 자주 발생되다 보니, 사용자 입장에서 아예 Logic을 By-Pass 시켜 운전하게 되고, 그러다 정말로 가열로 자체에 심각한 문제가 발생했음에도 불구하고, 제때에 감지 및 조치를 취하지 못해 사고로 이어지게 되는 경우도 있을 것이다. 결국 어떤 경우라도, 원하지 않는 가동정지로 인한 손해가 막심한 결과를 얻게 된다.

1) SIS 작동에 의한 Safe S/D 영향 이해하기

가열로 안전사고와 직결되는 항목 중에 가장 중요한 반면에, 현실적으로 감지가 어렵고 즉각적인 조치를 취하기 어려운 것이 Flame 관리이다. 가열로는 항시 Flame이 안정적으로 유지되어야 함에도 불구하고, 여러 가지 운전 변수에 의하여 Flame이 불안정하거나 Flame Out 되는 상황까지 초래될 수 있는데, 이러한 상황을 즉각 감지하여 신속한 조치가 이뤄져야만 불필요한 S/D이나 사고로 이어지는 불행을 피할 수 있다(그림 3.8 참조). 여기에서 '불필요한(Unwanted)'라고 표현한 것은 실제로는 운전이 정상적으로 진행되고 있음에도 불구하고, 계기 오작동 혹은 순간적인 외란에 의하여 미리 설계 반영된 SIS(Safety Instrumentation System) 작동으로 S/D 되는 현상이기 때문이다.

특히 공장이 주택가에 인접 위치한 경우에는, 아무리 Safe S/D이라고 해도, 관련 설비가 동시에 영향을 받아 공정이 흔들리고 다량의 Hydrocarbon이 Flare로 방출되는 상황이 불가피할 것이고, 이것이 결과적으로 회사의 Business Portfolio

를 위협하는 상황까지 초래할 수도 있게 된다. 따라서 이러한 SIS 관련 설계 사항은 무조건 Code를 맹목적으로 따라할 것이 아니라, 공장 위치, 주어진 환경 여건, 운전 지침, 운전원의 Skill, 운전 경험, 대처 방안, 사회적 영향 등을 종합적으로 고려하여, 상세하게 예상되는 각 Scenario에 대하여 Hazard와 Risk를 나열하고, 그에 대한 최적의 대책을 자체적으로 만들어가는 과정이 필요하다.

Flame Out - Example Sequence

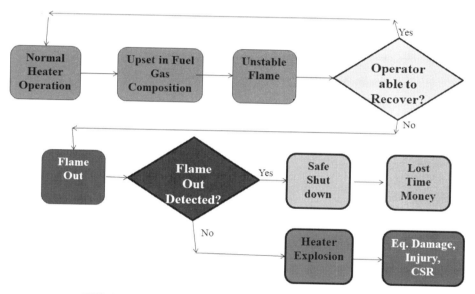

그림 3.8 ▌Flame Out 상황에 대한 단계 별 조치 및 결과

흔히 가열로는 위험한 설비이기 때문에, 화재/폭발을 방지하기 위한 최대한의 보호장치를 구비하여야 하고, 또한 운전원의 실수 등으로 인한 예상되는 인재에 대해서도 적절한 조치가 취해질 수 있도록 측정 계기 및 작동 Logic을 강화해야 한다고 생각하게 된다. 예를 들어, 가열로에서 Flame Out 상황이 발생되었는데, 이것을 감지하지 못하여, 연료가 노내에 가득차게 되고, 이것이 불씨를 만나서 폭발로 이어진다는 상황을 가정해보자. '과연 이렇게 심각한 상황을 어떻게 방지할 수 있는가?' 라는 물음에 명확한 대답을 못하면 어떻게 될까. 아마도 폭발이라는

최후의 불행한 상황을 방지하기 위해서는 Flame Out이 감지되는 순간, 곧바로 Safe S/D으로 가야 한다는 결론이 도출될 것이다. 그리고 이를 위해서는 반드시 Flame을 감지할 수 있는 계기가 필수적으로 설치되어야 하고, 또한 이것을 SIS로 묶는 설계가 뒤따라야 할 것이다.

그러나 이렇게 고도의 Instrument System을 적용했음에도 불구하고, 도리어 Manual 운전하는 가열로보다 더 잦은 S/D과 그것을 회복하려는 과정 중 뒤따르는 부속 사고 등이 발생되는 이유는 과연 무엇 때문일까?

2) Flame Detection 계기의 작동 원리 및 신뢰도 이해하기

첫 번째 이유로는, Flame을 감지하는 Flame Detector의 신뢰도가 미흡하다는 것이다. Flame Detector는 가열로 내부 고온과 Flame에 항상 노출되어 있기 때문에, 손상 가능성이 크며, 또한 손상이 얼마나 진행되었는지 직접 확인하여 조치하기도 쉽지가 않다. 이러한 이유로, Flame Detector는 반드시 주기적으로 점검, 수리 및 교체 작업이 수행되어야 하는 설비임을 주지하여야 한다. 그러나, 가열로에 장착된 수많은 Burner의 Flame Detector를 일일이 정비해주어야 하고, 또한 정비 작업마다 Logic을 By-Pass해야 하는 번거로움과 위험성이 수반될 수 밖에 없기 때문에, 많은 경우, 초기 설치 이후 관리가 소홀해지기 십상이다. 이렇게 적절한 정비작업이 수반되지 못하는 경우에는, 설계된 감지 성능을 보장할 수 없게 되며, 간혹 Flame이 멀쩡히 존재함에도 불구하고 Flame Out으로 오지시하여, 결국 원하지 않는 S/D으로 이어지게 된다.

우선 가열로에 많이 적용되는 Flame Detection 설비에 대하여 알아볼 필요가 있겠다. 일반적으로 가열로에는 Pilot Burner에 Ionization Flame Rod가 많이 적용되는데, 이는 그림 3.9와 같이 Flame 발생 시 +, - 전자가 형성 되기 때문에, 여기에 전류가 흐르면 Flame이 있다고 지시하고, 전류가 흐르지 않으면(Flame에 의한 전자 형성이 안됨) Flame이 없다고 지시하는 원리이다.

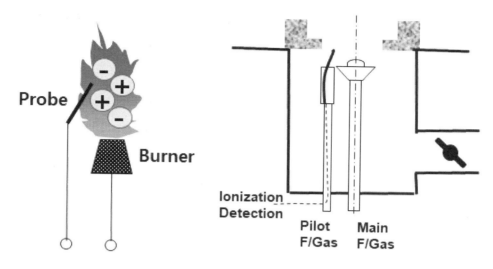

그림 3.9 ▎ Flame Ionization 원리

원리는 간단하고 비용 또한 경제적이지만, 고온에 의해 Probe가 소손되거나 혹은 위치가 불량할 경우(설치불량 혹은 Flame 크기 변화 등), Flame이 존재함에도 불구하고 Flame Out으로 지시될 가능성도 있게 된다(API 556에서는 이러한 순간적인 오지시 가능성을 최소화 하고자, Time Delay를 5초 허용하고 있음). 특히, Fuel Gas로 공정의 Off-Gas를 사용하는 경우, 연료 성상 변화에 따른 Flame 형상이 변하므로, Flame Out 지시 가능성은 더 높아질 수밖에 없다. 따라서 아무리 잦은 정비 작업 및 조치가 따르더라도 오지시 가능성은 항상 존재할 수밖에 없음을 인지하여야 한다.

가열로에 Flame Scanner 형태도 간혹 사용되는데, 이것은 Flame에 UV(Ultra Violet, 자외선)이나 IR(Infra Red, 적외선)을 투사하여 Flame 유무를 읽는 설비로서, 비교적 정확도가 높은 장점이 있다. 그러나 Flame Scanner 역시 광선을 투사하는 Lens 부위가 오염되지 않도록 주의하여야 하며, 주기적으로 점검 및 청소 작업이 수반되어야 한다. 참고로 NFPA 85에서는 Flame Scanner를 Boiler Burner에 의무적으로 설치하도록 명시하고 있다.

3) Flame Detection 계기 설치에 대한 Code 요구 사항 살펴보기

가열로 관련 API RP 556에서는 Flame Detection 설비 설치에 대하여, 의무 사항은 아니고, 사용자의 선호에 따라 선택적으로 채택 가능하다고 언급하고 있다 (Flame monitoring may be used to detect loss of flame at one or more burners).

여기에서 의문점이, 왜 Boiler에는 의무적으로 Flame Scanner를 설치하여야 하고, 가열로에는 선택 사항이 될까. 가열로의 경우 Hydrocarbon이 고압으로 운전되기 때문에 사고가 발생될 경우, Steam을 취급하는 Boiler에 비해 훨씬 위험한데도 말이다.

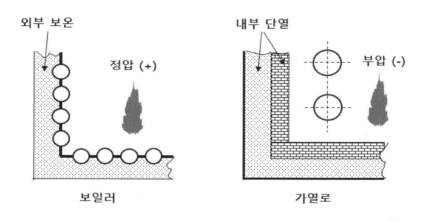

그림 3.10 ▌ Boiler와 가열로 설계 차이점

그림 3.10에 표시된 것과 같이, 왼쪽 Boiler는 노 내부가 정압으로 운전된다. 반면에 가열로는 부압으로 운전된다. 부압으로 운전되는 가열로의 경우에는 Pre-Mix Type의 Self-Aspirating되는 Pilot Burner를 설치할 수 있으며, 이로 인해서 상시 Continuous Flame 유지가 가능하다. 즉, Pilot Burner에 의하여 Flame Out 발생 확률이 현저하게 떨어지기 때문에 Flame Detection 사항을 Option(선택 사항)으로 명시하고 있다. 반면에 Boiler는 노 내부가 정압이기 때문에 Self-Aspirating Pilot Burner 설치가 불가능하므로, Continuous Flame 환경에 제약을 받을 수 밖에 없게 된다. 이러한 이유로 Boiler Burner의 경우에는 반드시 운전 중 Flame이 안정적으로 유지되는지를 확인하여야 하고, NFPA Code에 Flame 감

지를 위한 Flame Scanner를 각 Burner 당 Dual로 설치하여야 한다고 명시한 것이다. 참고로 Boiler Burner에는 Pilot Burner는 없고, Ignitor만 공급되며, Ignitor는 가동 초기 Main Burner 점화 후 꺼져 있게 된다.

4) Pilot Burner 관리 향상에 의한 Flame Out 상황 방지

두 번째 이유로는, Pilot Burner 관리 미흡이다. 가열로에서 분명 Flame Out 되는 상황이 발생되면 자칫 큰 사고로 이어질 수 있기 때문에, Flame Detection이 매우 중요한 관리 요소가 된다. 그러나, 이것이 Flame Detection을 꼭 어떤 계기를 통해서 이뤄져야 하고, 그 결과에 따라 자동으로 가동정지 되도록 Logic을 구성해야 된다는 의미는 아니다. 특히 Safety 관련 사항을 계기적인 측면에서만 접근해서는 안된다. 여기서 Flame Detection은 만능 해법이 아님을 주지할 필요가 있다. Flame Detector가 아무리 정상적으로 작동한다고 하더라도, 그것은 단지 Flame의 존재 유무만 알려줄 뿐이고, 불완전 연소 혹은 Flame 비정상 등 운전 이상 상황에 대해서는 아무런 정보를 제공해줄 수 없는 것이다. 통계적으로도 Flame Detection 장비가 없는 대다수의 가열로의 사고 확률이 Flame Scanner를 의무적으로 갖추고 있는 Boiler보다 훨씬 낮게 나타나고 있으며, Flame Detection 설비가 없는 과거에 설치된 가열로에서 문제가 많이 발생되고 있다는 보고도 없다. 도리어 최근 Flame Detection 설비를 갖춰 설치된 많은 가열로에서 쓸데없는 S/D 및 Logic By-Pass 등으로 실제 사고로 이어지는 통계자료를 더 많이 접할 수 있게 된다.

Flame Detection에 대하여, 굳이 신뢰도가 떨어지는, 그리고 정비를 자주 해주어야 하는 번거로움이 있는 계기에 모든 것을 맡기는 것이 과연 합당한 결론일까.

그것보다는, 표 3.5에 예시된 바와 같이, Pilot Burner를 철저하게 관리하여 상시 신뢰도 높은 Flame이 유지되도록 하는 것이 추천된다. 또한 Flame Out이 발생되는 조건에 대한 관리(예: Fuel Gas Pressure Low 및 K/O Drum Level 관리 등)를 통하여 징후를 파악하고, 노 내 온도 하강 및 Draft 변화 등을 통하여 Flame Out 상황을 확인하여 미리 준비된 조치를 취할 수 있도록 평소 운전 변수 파악 및 위험대처 능력을 향상시키는 것이 훨씬 안정운전에 기여할 수 있을 것이다.

표 3.5 ▌Flame Out 가상 상황에 대한 원인 및 대처 방안

	가상 Scenario	원인	대처 방안(이상 현상 감지)
1	Flame Out 발생	・연료압력 부적절 ・연소공기 공급중간, Draft 불량 ・연료 부적절(Liquid Carry-Over 등)	・연료압력 Alarm 및 interlock 구비 ・Stack Damper Fail Open / Drop Out Door Open / Natural Draft 전환 ・K/O Drum liquid Level
2	노내 연료 축적	Main Burner + Pilot Burner 모두 소화	Pilot Burner 설계/작동 신뢰도 높음 대류부 온도 상승. 노내온도 급격히 강하
3	폭발	LEL/UEL 범위 충족 + Ignition	불완전연소→정압→Stack Damper Open → 희석

5) API RP 556 제개정 History 해석 및 추천 방안 요약

실제로 1997년도에 처음 발간된 API 556 1st Edition에는 'Pilot could guarantee or main burner re-ignition in all operating conditions' 라고 언급하여, Pilot Burner의 신뢰도가 높으므로 Flame Out되는 상황에서도 Pilot Burner만 정상적으로 작동된다면 Re-ignition에 문제가 없다고 기술하고 있다. 그러나, 다년간 API Committee에서 사용자, 가열로 설계사 및 엔지니어링 회사, 그리고 Burner 제작사 전문가의 토론을 거친 결과, 'Main burner flame stability cannot be expected to be guaranteed by presence of permanent pilot(Para. 3.4.4.10.2 (e)), The pilot is intended to light the main burner at start-up(S/U) conditions. In general, the pilots are neither designed nor intended to provide main burner flame stability'라고 수정하였다.

그러니까 Pilot Burner는 단지 S/U 시 Main Burner를 점화시키는 용도이며, 운전 중 Main Burner Flame이 Out 되는 상황에서는 Pilot로 Re-ignition을 확보하는 데 한계가 있다고 해석한 것이다. 또한 Pilot Flame이 Out 되었다고 해서, 굳이 가열로를 S/D시킬 필요는 없으며, Main 이나 Pilot 중 이상이 발생된 것에 한해서

Fuel Gas를 Close하면 된다고 명시하고 있다. 또한 S/U 중 Main Burner Fuel Gas가 도입되기 전 Pilot에 의한 운전이 지속될 경우에도, 설사 Pilot Flame이 Out 되는 상황이 발생되더라도 이것이 직접적으로 가열로 폭발로 이어질 확률은 거의 없다. 왜냐하면, Pilot Burner를 통하여 공급되는 Fuel Gas 양이 Main Burner에 비하여 아주 작기 때문에, 설사 Flame Out 된 상황에서 Pilot Fuel Gas가 지속적으로 노내부로 공급되더라도 Draft에 의하여 충분히 Dispersion 및 희석되기 때문이다. 따라서 Pilot Burner에 Flame Detection 설비를 구비하고, 이것을 SIS Interlock으로 연결시키는 Logic은 Safety에 도움되지 않을 뿐더러, 도리어 불필요한 S/D 원인이 될 수 있겠다.

API 556 2nd Edition의 내용을 근간으로 결론을 내리면, 아래와 같은 선택 사항이 도출될 수 있겠다 :

Ⓐ Main Burner Flame에 대하여 Flame Detection 설비를 갖추고, Flame Out 지시될 때 바로 SIS logic에 의하여 S/D 되도록 함.

Ⓑ Flame Detection 설비를 갖추되(Pilot 혹은 Main Burner 혹은 2개 모두), SIS S/D Interlock으로 연결되지는 않고 단지 Monitoring 용으로만 활용.

Ⓒ Flame Detection 설비 없이 운전

공정의 위험도, 대내외 사회적 환경, 운전원의 Skill, 사용 연료, 가열로 S/D으로 인한 파급 영향 등을 종합적으로 고려하여 위 추천 사항을 선택 혹은 조합하여 활용하면 된다.

CHAPTER 04

Troubleshooting

Troubleshooting이란 일종의 문제해결(Problem Solving) 방법으로서, 문제점 파악, 분석 및 평가, 그리고 해결방안 수립 및 적용 등의 일련의 Process를 말한다. 올바른 문제 해결을 위해서는 무엇보다 명확하고 확고한 지식을 갖추고 있어야 한다. 학교에서는 90점만 받아도 꽤 괜찮은 점수가 될 수 있지만, 현장에서는 100% 지식이 아니면, 결코 원하는 해답을 얻을 수 없는 경우가 대부분이기 때문이다. 지식은 주로 책이나 스승을 통해서 섭렵하기도 하지만, 현장에서는 직접 몸으로 겪으면서 체득하는 경우가 많고, 또한 이러한 지식이야말로 한 단계 높은 발전을 이룰 수 있는 소중한 자산임을 주지할 필요가 있다.

Troubleshooting은 특별한 기법이 정형화된 것은 아니며, 도리어 설계 기본 지식을 바탕으로 면밀한 관찰 결과와 경험이 Key Factor가 되는 경우가 많다. 특히 석유화학 공장 운전에서 매일 매일 해당 현장을 순찰하면서, 몸으로 느낄 수 있는 소리, 냄새, 진동 등 매 번 접하는 상황을 서로 비교하는 가운데, 설비의 이상 징후를 조기에 발견할 수 있으며, 또한 대책 수립에도 현실적인 방안이 마련될 수 있다. 간혹 이러한 설비 관찰을 소홀히 하는 경우, '갑자기 사고가 발생되었다' 라고 얼버무리는 경우가 많은데, 모든 설비는 사고 이전에 반드시 이상 징후의 Signal을 주고 있기 때문에, 그리고 사람의 오감은 아주 정밀하게 작동하기 때문에, 이러한 대답의 배경에는 그만큼 설비 관찰이 소홀했다는 것을 반증하기도 하는 것이다.

운전 중 이상 현상이 발생되면, 누구나 냅다 총알같이 해당 현장으로 뛰어나가게 되는데, 어찌 보면 이는 전장에 총과 총알없이 대처하는 모습과 다를 바가 없겠다. 따라서 현장 육안 확인도 중요한 사항이지만, 엔지니어로서 혹은 운전/정비원으로서 해당 설비의 자료를 챙기는 것 또한 잊지 말아야 한다. 현장의 업무를 직접 담당하는 엔지니어의 기본적인 자세는 설계 Data에 기반한 운전 Data를 비교, 분석하는 것이며, 이를 위하여 가능한 자주 현장을 방문하여 몸으로 감을 체득하는 것이 중요하다고 할 수 있다.

이번 Chapter에서는 가열로에서의 몇 가지 대표적인 Troubleshooting 방법을 실제 예를 들어서 설명하도록 하겠다.

4.2 각 사례 별 시사점 및 적용 방안 검토

4.2.1 Flame Monitoring 방법 적용하기

가열로는 운전 중 노내 상태를 관찰할 수 있도록 Observation Door가 설치되어 있다. Observation Door는 노내 모든 구석 구석 관찰이 가능하도록 크기와 개수, 그리고 위치 등이 적절하게 조합되어야 하며, 반드시 가열로 설계 시 사용자의 요구 사항이 반영되도록 하여야 한다. 특히, Burner의 Flame Monitoring이 중요한데, 자칫 Flame 불량으로 조기 Tube 손상 혹은 Tube Rupture 사고로 이어질 수 있기 때문이다. 그러나 Flame을 보고 곧바로 어떤 것이 정상이고 어떤 것이 비정상인지 사람마다 판단기준이 상이할 수 있으며, 또한 Gas Firing의 경우 Flame 관찰이 쉽지 않을 수도 있다. 따라서 평소 운전되는 가열로의 Flame 모습을 가능한 많이 접하여 나름의 Historical Data를 축적하면, 운전변수와 Flame변화에 대한 전문가적인 판단 기준이 정립될 수 있게 된다.

1) Flame의 형상, 색깔 이해하기

일반적으로 Gas Firing 할 때에는 푸른색, Oil Firing은 노란색을 띄게 된다. 그러나 Gas Firing에서도 Excess Air가 부족할 경우에는 불완전 연소로 인하여 노란색으로 변하게 된다. 먼저 그림 4.1과 같이 Flame 상태가 아주 좋은 경우를 보자.

※ p.187 컬러 이미지 참조

그림 4.1 ▍ Good Flame 형상

    모두 Gas Firing되는 경우이고, Burner Tip의 Drilling이 막히거나 손상없이 정상적으로 Fuel Gas가 분사되어 맑고 깨끗한 푸른색의 Flame을 보여주고 있다. 여기에서 주목해야 할 사항 중의 하나가 Fuel Gas 분사 방향 등 전체적인 Pattern이 균형을 이뤄야 한다는 것이다. 간혹 특정 Tip이 Plugging되거나 설치가 잘못되었을 경우에는 이러한 분사 Pattern이 일그러져 보이게 된다.

    그러면 비정상적인 Flame은 어떤 모습으로 나타나게 되며, 어떻게 관찰이 가능한지 그림 4.2를 통하여 알아보도록 하자.

※ p.187 컬러 이미지 참조

그림 4.2 ▎ Flame 형상 및 색깔에 따른 이상 징후 판단 예시

　왼쪽 위 첫번째 사진을 보면, 상부 Burner는 노란색 Flame이 길게 보이고, 아래 Burner는 특정부위에 Flame이 없다. 즉, 상부 Burner는 Burner Tip Hole이 비정상적으로 커졌거나 특정부위 연소공기 공급이 원활하지 않다는 의미이고, 하부 Burner는 특정 Burner Tip이 완전히 Plugging된 것으로 추정할 수 있겠다.

　그 다음 사진을 보면, Floor로부터 Wall을 타고 상부로 분사되는 형태의 Burner 인데, 우선 Flame 색깔이 노랗게 보이므로, 이것은 연소공기 부족 혹은 Tip에 이상이 생겼다고 추정할 수 있다. 직접적으로 Flame관찰이 어려운데, 이럴 경우에는 가열로 Wall의 색깔을 서로 비교하여 간접적으로 어떤 Burner에 문제가 발생되는지 추정이 가능하다. 즉, Flame은 눈에 잘 안보이지만, 가열로 Wall의 색깔이 밝으면 Burner로부터 충분한 열이 발생되었다는 것이고, 그 반대의 경우에는 Burner에 문제가 있는 것이다.

　그 다음 사진은 Burner의 Flame 모습이 똑바르지 않고, 옆으로 휘어진 모습을 보이고 있다. 이는 원래 설계된 대로 Burner Tip Drilling 분사 각도가 변경되었던지 아니면 노내부의 과도한 Draft로 충분한 Recirculation이 이뤄지지 못하는 증거이다. 그리고 오른쪽 Burner의 Flame 중간에 촛불처럼 길게 노란 Flame이 보이는

데, 이것은 Pilot Burner Flame으로서 Burner Tip이 손상되었거나 Air Mixing Orifice Opening이 너무 적어 충분한 연소공기가 공급되지 못하여 발생되는 현상이다. 이러한 현상이 지속되면, Pilot Burner 손상으로 이어질 뿐만 아니라, 비상 상황시 Pilot Burner의 역할을 수행하지 못하여 노내 연료 축적에 의한 폭발로 이어질 위험성을 내포하게 된다.

그 다음은 Staged Fuel 형태의 Low NOx Burner 인데, Flame 색깔이 전반적으로 노랗게 보이는 것은 가열로 부하가 아주 낮거나 혹은 연소공기 부족이 원인으로 추정된다.

아래 첫 번째 사진은 Radiant Wall Burner인데, 밝기에서 차이가 나는 것처럼 Burner별 열량이 서로 상이하며, 동일한 Burner에서도 밝기가 차이나는 것은 특정 부위의 Tip이 Plugging 되었을 가능성이 있다.

그 다음 사진은 Flame자체적으로는 별 이상이 없어 보이긴 하지만, 화실 내부 전체의 색깔을 보면, 특정 부위만 밝고, 나머지 부위는 어둡게 보이므로, 이는 Burner 별 열량이 서로 다르게 운전되고 있기 때문이다. 노내 균등한 열전달을 위해서 Burner는 반드시 설계된 용량 이내에서 Burner별로 균등한 열량으로 운전되어야 한다. 자칫 특정 Burner의 연료 압력을 아주 낮게 유지할 경우, Fuel Gas 계통의 이상으로 해당 Burner가 완전 소화될 가능성이 있기 때문이다.

마지막은 Ethylene Furnace 노 내부 사진인데, 우선 전체적인 노내부의 색깔이 밝은 색으로 균등하게 분포된 것을 보면 문제는 없어 보이지만, 개별 Burner의 Tile 색깔을 보면 특정 Burner의 경우 검은색(Coke침적)이 많거나, 아예 없는 경우도 관찰되므로, 이렇게 차이가 나는 Burner에 대해서는 운전 중 분리하여 청소 및 정비작업을 수행하여야 한다.

2) Tube 및 내화물 색깔에 의한 온도 추정 방법 알아보기

오랜 경험을 가진 대장장이는 별도의 온도계 없이, 쇠의 색깔만 보고서도 그 온도를 정확하게 알아맞힐 수 있다고 한다. 이는 Black Body Radiation의 원리에 의하여 온도에 따른 가시광선 파장이 서로 다르게 전파되기 때문에 가능하다(그림 4.3 색깔에 따른 온도 추정 Chart 참조 - Google 등 인터넷 검색하면 Color로 표시된 온도 Table 자료를 쉽게 구할 수 있음).

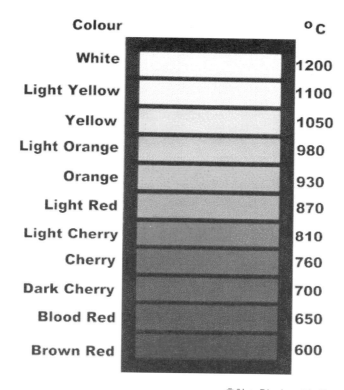

출처 : Blacksmith Temperature Chart
※ p.188 컬러 이미지 참조

그림 4.3 ▍ 색깔에 따른 온도 추정 Chart

따라서, 가열로에서도 Flame 자체의 형상 관찰이 쉽지 않을 때에는 주변 Tube 색깔이나 내화물 색깔을 비교하여 개략적인 온도 추정이 가능하다. 상기 온도 Chart를 활용하여 그림 4.4에 대하여 Tube색깔에 따른 추정온도를 표시할 수 있 게 된다.

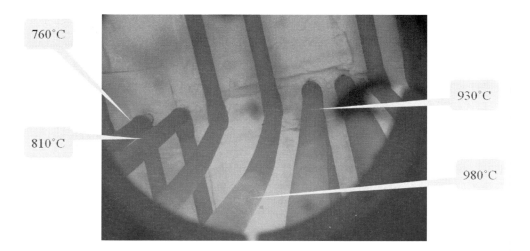

※ p.188 컬러 이미지 참조

그림 4.4 ┃ Temperature Table을 활용한 Tube 온도 추정 예시

3) 사진을 활용한 업무 효율 향상 방안

Flame Monitoring을 잘하기 위해서는 관찰에 집중하여야 하는데, 그렇다고 운전되는 가열로의 Observation Door를 장시간 열어놓고 이곳저곳을 관찰할 수는 없다. 차가운 외부 공기 유입으로 가열로 효율을 감소시킬 뿐만 아니라, Draft 균형을 깨뜨릴 수도 있고 또한 관찰자의 안전에도 문제가 될 수 있는 위험한 방법이기 때문이다. 따라서 가능하면 빠른 시간 내에 신속하게 Flame을 관찰하여야 하는데, 좋은 방법 중의 하나가 Digital Camera를 활용하여 원하는 부위를 촬영한 다음, 사무실 PC 큰 화면에 옮겨 분석 및 평가하는 방안이다. 그리고 평가 결과를 문제라고 판단되는 사진 부위에 직접 기입하여 현장으로 Feedback하면, 누구나 쉽게 공통적인 시각으로 문제점을 파악할 수 있게 되어, 실질적인 개선 사항이 용이하게 합의 및 도출될 수 있게 된다(그림 4.5 참조).

※ p.188 컬러 이미지 참조

그림 4.5 ▌ 운전 중 가열로 내부 사진 촬영 및 평가

4.2.2 Tube Skin Thermocouple(TST) 설치 방법과 위치 선정

가열로 Tube 온도를 측정하기 위하여 설치되며, 설치 위치는 주로 Process 온도가 제일 높게 유지되는 Outlet Radiant Tube에 신뢰도 향상을 위하여 Dual로 설치된다.

장시간 고온 환경에서 문제없이 작동될 수 있도록 용접 Type으로 설계되며, 열 팽창에 의한 Tube의 움직임을 고려하여 그림 4.6과 같이 Expansion Loop를 부여하여야 한다.

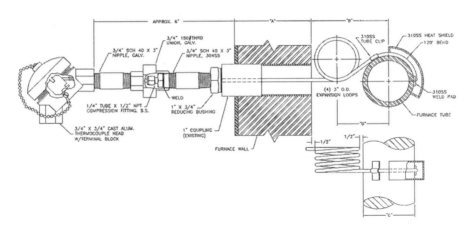

그림 4.6 ▎ Thermocouple 설치 도면 예시

    Tube Metal온도를 정확하게 지시할 수 있도록 Thermocouple은 내화물이 삽입된 외부 Box에 의해 보호되고, 특히 Thermocouple 온도 감지부가 Tube에 밀착되도록 용접작업이 수행되어야 한다(용접이 미흡할 경우, Thermocouple이 노출되어 노내 온도를 지시할 수도 있음).

    간혹 그림 4.7과 같이 Lead Wire를 너무 길게 설치하는 경우가 있는데, Wire 내부에 Insulation이 되더라도 장시간 고온에 노출되기 때문에 온도 지시값이 부정확하게 된다.

그림 4.7 ▎ Thermocouple 설치 오류 (Lead Wire 설치 불량)

TST는 장시간 운전시 손상이 불가피하므로, 일종의 소모품 개념으로 매 정기보수 시 새것으로 교체하는 것이 바람직하다.

이론상 Tube Metal온도는 Process 온도에 40℃정도(Tube 재질에 따라 다소 차이 있음) 높은 것이 일반적인데, 실제 TST 지시 값은 Process 온도보다 50~100℃이상으로 훨씬 높게 지시된다. 이는 설치 방법, Tube외부 Fouling 정도, Thermocouple 외부 보온재 및 보호 Box불량 등 여러 가지 이유가 복합적으로 기인되는데, 이렇게 이론적인 계산치보다 다소 높게 지시된다고 해서 이를 완벽하게 고치려 하기 보다는 TST의 특성으로 받아들이고, TST에서 지시되는 값은 절대온도 그 수치를 관리하기 보다는 온도 증감 추세(Trend)를 분석하는 용도로 활용하는 것이 바람직하다.

TST에 덧붙여 노내 온도 측정 방법으로 Thermowell을 설치하는데, 아래 사진 4.8과 같이 Tube에 인접하여 설치될 경우, 상대적으로 차가운 Tube 온도 영향으로 노내 온도가 실제 값보다 낮게 지시될 가능성도 있다.

Tube 온도를 측정하기 위하여 설치되며, 설치 위치는 주로 Process 온도가 제일 높게 유지되는 Outlet Radiant Tube에 신뢰도 향상을 위하여 Dual로 설치된다.

그림 4.8 ▮ Thermowell 설치 오류 (Tube 온도 영향)

또한 Radiant Tube Outlet 부위에 덧붙여 Flame에 의한 Tube 과열 문제점을 미리 감지할 목적으로 Flame의 영향을(직접 복사열) 가장 많이 받는 부위를 선정하여 TST를 설치하기도 하는데, 조기 감지 및 Tube 온도 분석에 어느 정도 도움은 될 수 있을지 모르겠지만, TST의 온도 측정 방법이 특정 부위에 국한된 Point Monitoring 방식이기 때문에, 설사 TST 몇 개를 추가로 더 설치한다고 해서 그것이 완벽하게 Flame Impingement 현상을 감지하는 방안이 될 수는 없겠다. 따라서, 이렇게 절대온도 지시 값도 부정확한 TST 추가 설치 등의 방안을 도입하기보다는(계기가 일단 설치되면 그것을 전적으로 신뢰하는 경향이 있음 - 사람의 육안관찰보다 더 정확한 센서는 없을 것임), 평소 Flame 관리를 철저하게 수행하여 Flame Impingement 현상이 발생하지 않도록 선제관리 방안에 초점을 맞춰 운전하는 것이 바람직하다.

4.2.3 Air Leakage(Tramp Air) 관리

가열로는 부압으로 운전되기 때문에, 조그만 틈새만 있더라도, 그림 4.9처럼, 외부의 차가운 공기가 상시 유입되는 구조이다.

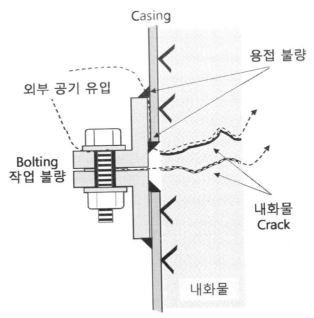

그림 4.9 ▌ 가열로 틈새(Crack 등)로 인한 외부 공기 상시 유입

이렇게 외부 공기가 유입되면 단순히 효율만 하강되는 것이 아니라(원하는 온도를 맞추기 위해서는 차가운 공기 유입량에 비례하여 그만큼 연료 소모가 증가됨), 가열로에 설치된 O_2 Analyzer의 지시값이 높게 유지되어(Burner를 통하여 연소공기가 유입 되어야 설계된 Mixing Ratio에 의하여 연소 반응에 기여할 수 있음 - Burner 이외의 타부위로 유입된 공기는 연소 반응에 기여하지 못하나, O_2 Analyzer에는 Excess O_2 값으로 측정됨), 마치 Excess Air가 너무 과잉으로 공급되는 것 같은 착각을 유발하게 되며, Leak로 인한 외부 공기유입량이 증가될수록 운전원은 더욱 더 Excess Air의 양을 감소시켜 운전하게 되고, 결과적으로 Burner에서는 터무니없이 연소공기가 부족하기 때문에, 불완전 연소에 의한 Flame Impingement등의 악순환이 지속될 수 있다. 따라서, 외부 공기가 유입될 수 있는 틈새나 Tube가 통과되는 부위 등은 (그림 4.10 참조) 반드시 적절하게 Sealing 될 수 있도록 조치하여야 한다.

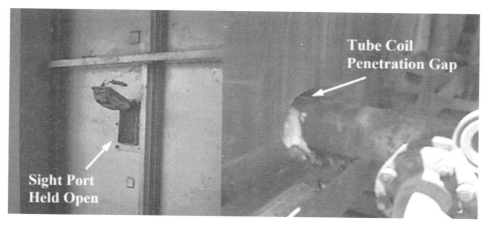

그림 4.10 ▌ Observation Door 열림(왼쪽) 및 Tube 인입부 틈새로(오른쪽) 인한 외부 공기 상시 유입

1) Leak Point 찾아내기

공기는 눈에 보이지 않기 때문에, 어느 곳에서 얼마만큼의 Leak가 발생되는지 감지하기가 쉽지는 않다. 그러나 다행히도 Leak가 발생되는 부위에는 항상 그림 4.11과 같이 노 내부 고온의 Flue Gas가 차가운 외부 공기와 접촉되면서 Condensing 되어 누런 색의 화합물이 형성되기 때문에, 조금만 관심을 가지고 살

펴보면, 쉽게 Leak가 발생되는 부위를 육안으로 찾아낼 수 있고, 틈새의 크기에 따라 Leak되는 양을 어느 정도 감지할 수 있게 된다.

그림 4.11 ▌ 가열로 틈새로 외부공기 유입 흔적

가열로는 Casing을 경계로 Tube가 들고 나는 구조이고 또한 구조물이 Casing 과 Bolting 결합으로 많이 취부되기 때문에, 어느 정도 틈이 발생될 수밖에 없는 구조이다. 따라서 정상적인 운전에서도 소량의 Air Leakage는 불가피하지만, 만약 가열로 내부의 Draft(부압)이 높게 유지될 경우에는 Air Leak 양이 증가되어 주의를 기울여야 한다.

2) Leak에 의한 운전 위험성 이해하기 (계산 문제 풀이)

흔히 Burner의 안정적인 운전 및 Arch 부위에서의 정압 가능성 때문에(정압 Interlock에 Logic이 연결되어 있는 경우에는 S/D 방지를 위하여 더욱 더 부압을 높게 운전하는 경향이 있음), Draft를 정상 값보다 훨씬 높여 운전하는 경우가 있는데, 이러한 경우에 대하여 과연 얼마만한 영향이 가열로에 미치는지 그림 4.12의 도표를 활용하여 계산해 보도록 하자.

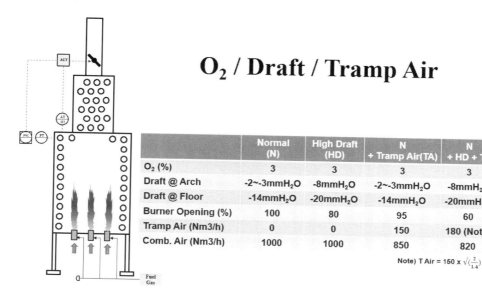

O₂ / Draft / Tramp Air

	Normal (N)	High Draft (HD)	N + Tramp Air(TA)	N + HD + TA
O₂ (%)	3	3	3	3
Draft @ Arch	-2~-3mmH₂O	-8mmH₂O	-2~-3mmH₂O	-8mmH₂O
Draft @ Floor	-14mmH₂O	-20mmH₂O	-14mmH₂O	-20mmH₂O
Burner Opening (%)	100	80	95	60
Tramp Air (Nm3/h)	0	0	150	180 (Note)
Comb. Air (Nm3/h)	1000	1000	850	820

Note) T Air = $150 \times \sqrt{\left(\frac{2}{14}\right)}$

그림 4.12 ▌ Draft 상향 운전 시 외부 공기 유입에 의한 연소 공기 부족 현상 비교

왼쪽 2칸의 정상운전과 High Draft운전에서는 가열로 Sealing이 이상적으로 이뤄졌다고 가정하여 High Draft 상황에서도 전혀 Air Leak가 발생되지 않으므로, 운전상 문제는 없다. 그러나 현실적으로 가열로 구조상 Air Leak는 필연적이므로, 오른쪽 2칸 경우(정상 Draft에서 Tramp Air 발생, High Draft에서 Tramp Air 발생)에서 수치로 제시된 바와 같이, 운전원은 O₂ Analyzer 지시 값을 기준으로 운전하기 때문에, Tramp Air 유입으로 인하여(150 Nm³/h) Burner에서 연소되는 연소공기는 정상 연소공기량인 1000 Nm³/h에 훨씬 밑도는 850 Nm³/h 밖에 공급되지 못하기 때문에, 불완전 연소가 발생될 수밖에 없다. 여기에서 Draft 값이 상향되면, Tramp Air의 양이 증가되어 (Note에 표시된 식처럼 Draft 값의 Root 값으로 비례하여 증가됨), 정작 필요한 Burner에서 연소공기 양은 820 Nm³/h로 감소되어 불완전 연소가 더 악화될 수밖에 없는 상황이 된다.

따라서 Tramp Air를 최소화 할 수 있도록, 발생 가능한 모든 틈새 부위에 대해서는 Sealing 작업을 수행해 주어야 하고, 또한 과도한 Draft 운전이 지속되지 않도록 주의하여야 한다.

4.2.4 Air Preheater의 Acid Dew Point Corrosion 현상

Air Preheater는 가열로의 Stack으로 빠져나가는 고온의 Flue Gas에 포함된 열을 회수하여 가열로 효율을 증가시키는 설비이다. 즉, 고온의 Flue Gas로부터 열을 빼앗아 차가운 대기 연소공기를 데우는 역할을 수행하며, 이를 통하여 가열로 효율을 3~5% 만큼 더 상승시키게 된다. 가열로에 적용되는 Air Preheater Type은 Recuperative 형식의 DEKA Type 혹은 Plate Type이다.

그림 4.13의 각 부위에 기입된 온도 숫자를 참조하면, Air Preheater의 상부로부터 320°C의 Flue Gas가 Air Preheater의 열전달 Fin 부위로 흐르면서 20°C로 유입되는 연소공기를 260°C까지 승온 시키고, Flue Gas는 120°C로 하강되어 Stack으로 빠져나가는 형태이다.

1) Thermal Balance 점검에 의한 Leak 유무 검토 방안 적용

Flue Gas와 연소공기의 화학적 성질 및 연소과정에서의 통상적인 생성 비율을 고려하여 Thermal Balance를 맞추게 되면,

$$\Delta T \text{ flue gas} \times 1.2 = \Delta T \text{ Combustion Air}$$

의 비례관계를 유지하게 된다. 만약에 Air Preheater 온도 값 분석 결과, 상기 비례 관계를 벗어나는 경우가 발생된다면, 부식에 의한 Leakage 현상을 1차적으로 의심해 볼 수 있다.

2) 부식 취약 부위 및 부식 방지 방안 검토

Air Preheater의 구성은 주물재질의 Fin형태를 갖춘 Block을 책처럼 차곡차곡 쌓아놓은 고온 Cast Iron Block 부위와 Glass Tube로 구성된 저온 열교환 부위로 나눠진다. Cast Iron 부위는 열교환 효율을 증대시키기 위하여 수많은 Fin이 부착된 형태이고, 어느 정도 부식에 견딜 수 있도록 두꺼운 구조로 설계된다. 아래 Glass Tube 부위는 Flue Gas Condensing에 의한 황산 부식에 대처할 수 있도록

설계되는데, Glass 특성상 외부 충격에 쉽게 깨지고, 내구성이 약하므로, 설치 및 정비에 주의하여야 한다.

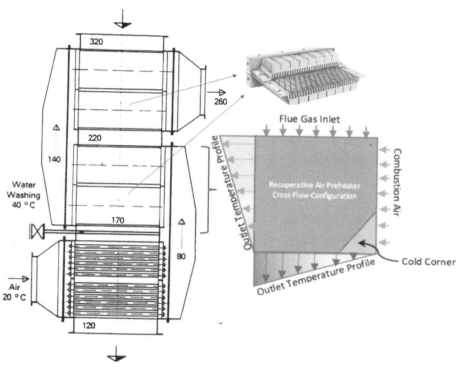

그림 4.13 ┃ Deka Type Air Preheater의 구조, 온도 Profile 및 Dew Point Corrosion 발생 부위

특히 Cast Block으로 구성된 부위 중, 맨 아래에 위치한 곳은 부식에 취약한데, Glass Tube를 지난 80°C의 연소공기와 170°C의 Flue Gas가 만나 열교환 되면서, 부분적으로(파란 빗금친 부위 - Cold Corner) Metal 표면온도가 Acid Dew Point 밑으로 하강하게 되며, 연료 중 포함된 Sulfur 성분에 의한 H_2SO_4 부식이 발생하게 된다. 그림 4.14의 왼쪽은 Glass Tubesheet의 부식, 그리고 오른쪽은 Cast Iron Block의 부식된 모습을 나타내고 있다. 이렇게 부식이 진행되면, 상대적으로 고압인(정압) 연소공기가 저압(부압)의 Flue Gas 쪽으로 쉽게 빠져, 마치 Stack으로 나가는 Flue Gas 온도가 하강되어 마치 가열로 효율이 상승된 것처럼 보여질 수 있다. 그러나 이렇게 연소 공기가 빠져나가게 되면, 실제로 Burner에서는 불완전 연소가 발생되며,

가열로 전체적으로 Draft Balance가 불안정하게 유지되는 위험성이 있다.

그림 4.14 ▌ Glass Tube Tubesheet 부식(왼쪽) 및 Cast Block 부식(오른쪽)

따라서 부식을 방지하기 위해서는 Metal 온도를 Dew Point 이상으로 유지하던지, 아니면 Metal외부에 H_2SO_4에 견딜 수 있는 Coating을 적용하는 방법이 있다. Acid Dew Point 이상으로 유지하기 위해서는 그림 4.15 Graph 자료를 적용하며, Graph 상의 Sulfur 함량에 따른(Flue Gas 생성물 중 SO_2 전체 함량에서 약 1~5%정도가 SO_3로 변환됨) 세로축 Dew Point 온도 값에 설계 여유 15°C를 더하여 Design Metal Temperature로 정하게 된다.

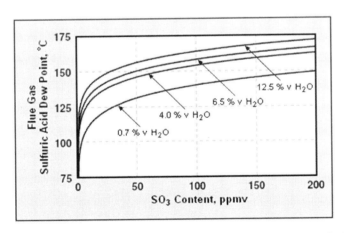

출처 : Citizendium

그림 4.15 ▌ SO_3 함량에 따른 Flue Gas Dew Point Graph

또한 Metal 표면의 Coating 방법은 Enamel, Polymer 등이 적용되기도 하지만, 고온의 Flue Gas에 적절히 견디지 못해 내구성이 떨어지는 단점이 있으며, Glass Coating 방법도 적용되고 있으나, 이 것 역시 시공 중 불가피하게 발생되는 미세한 Porosity로 인하여 일정시간 경과 후에는 부식이 진행됨을 확인할 수 있다. 최근 부식 방지 및 고온 환경에 우수한 성능을 지닌 Graphene을 Nano 두께로 얇게 Coating하는 방법이 신기술로 소개되고 있지만, 광범위한 적용에는 어느 정도 시간이 걸릴 것으로 예상된다.

4.2.5 Draft 측정 값 오류에 대한 원인 분석

가열로에서 Draft는 연소공기와 Flue Gas의 흐름을 유지하기 위하여 반드시 필요한 운전 값이다. 그러나 mmH$_2$O의 미세한 단위로 측정되기 때문에, 정확한 지시 값을 얻기 위해서는, 계기 선정부터 측정 위치 선정 등 주의하여야 할 항목이 많다. 특히 Draft는 가열로 내부 압력과 대기압의 차이를 나타내기 때문에, 비록 가열로는 정상적으로 Draft가 형성되어 문제가 없이 운전되더라도, 만약 외부 대기압이 흔들리면(바람의 영향 등) 마치 가열로의 Draft가 심하게 흔들리는 것처럼 보여질 수 있다. 만약에 이러한 Draft 지시 값이 SIS Interlock 등에 Logic으로 연결되어 있다면, 정상적인 운전에도 불구하고 외란에 의해 가열로 S/D으로 이어질 가능성이 많게 된다. 그림 4.16은 바람의 영향에 따른 Draft 지시 값을 그래프로 보여주고 있는데, 정상적으로 Draft값이 유지되다가(수평 부분), 바람이 Stack에 수직 방향으로 불 경우에는, 바람의 Inducing 효과에 의해 Draft값이 더 - 를 가리키게 될 것이고(밑으로 급격하게 하강), 만약에 바람의 방향이 위에서 짓누르듯이 불어온다면, 반대로 Draft 값이 +로 지시될 것이다(위로 급격하게 상승).

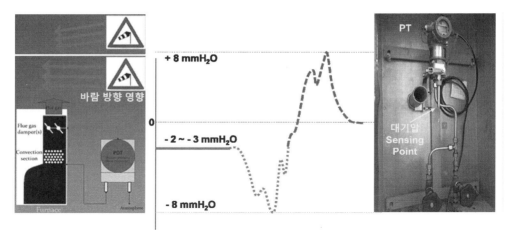

그림 4.16 ▐ 운전 중 외란에 (Stack 및 PT Sensing Point) 의한 Draft 값 변화

　과연 이러한 상황에서 계기 값에만 의존하여 Safe S/D으로 진행할지, 아니면 순간적인 Hunting으로 간주하고, 지시 값을 무시하고 Manual로 전환 운전할 것인지, 판단 기준을 수립해야 할 것이다.

　Stack으로 부는 바람의 영향에 덧붙여, 오른쪽 사진의 Pressure Transmitter(PT)에서 대기압 측정 Reference Point로 장착된 가느다란 Tube에 상기와 같이 바람의 영향을 고려한다면, 위와 동일한 결과가 나올 것이다.

　더 악화되는 상황을 가정하면, Stack과 PT가 동시에 바람의 영향을 받아 지시 값이 아주 비정상적으로 유지되는 경우도 무시할 수는 없을 것이다.

　따라서, 평소 외란 영향에 의한 운전 변수를 잘 Monitoring하고, 각 상황 별 운전 Data를 모으고 분석하여, 과연 어떻게 대처하는 것이 쓸데없는 S/D을 방지하고, 안전한 운전이 될 수 있는지, 공장의 위험도 및 타 설비의 영향 등을 종합적으로 고려한 맞춤(Customizing) 설계 방안을 도출하여야 한다. 참고로, 상기와 같은 외란의 영향을 최소화하기 위하여 지시값의 Filtering 작업을 수행하거나(일정 시간의 평균값 등), 혹은 Time Delay를 부여하거나(API 556에서는 3초를 추천하고 있음), PT Reference Point를 바람 영향을 받지 않도록 별도의 Box 내부에 설치하는 등, 여러 가지 방법을 시도하여 False 값에 의한 Unwanted S/D을 방지하고 있다. 여기서 명심하여야 할 사항은, 어느 누구도 사용자를 대신해서 적합한 해결책을 제시

해줄 수는 없으며, 여러 가지 시행착오 및 Historical Data를 통하여 오직 주인만
이 해결할 수 있는 문제라고 접근해야 한다는 것이다.

4.2.6 Stack Damper Control 문제점 분석 및 개선 방안

Stack Damper에 설치되는 Blade는 같은 방향으로 작동되는 Parallel Type과 서
로 어긋나게 작동되는 Opposed Type으로 대별된다. 개별 Blade의 최대 허용 넓
이는 $13ft^2$이다. 또한 Stack의 직경에 따라 Blade의 개수가 결정되며, API 560의
허용 기준은 아래 표 4.1과 같다.

표 4.1 ▌ Stack Size 별 Blade 개수

Stack Diameter (ft)	Blade 수
〈 4	1
〈 6	2
〈 7	3
〈 8	4

1) 설계 여유에 의한 운전 제약 문제점

가열로에서 Draft는 Stack Damper의 조작에 의해 결정되는데, 많은 경우, Stack
설계 시 향후 Revamp 가능성 등을 고려하여 가열로 설계 값의 120%의 여유를
주게 되며, 마찬가지로 Stack Damper 역시 이러한 120% 운전 Load 상황에 부합
될 수 있도록 상대적으로 아주 크게 설계된다. 그래서 실제 운전을 수행하면, 아
주 작은 Damper 개도를 유지함에도 불구하고 충분한 Draft값 유지가 가능하며,
그만큼 여유 있는 운전이 될 수 있기 때문에 막연히 별 문제가 없을 거라고 생각
하는 경향이 있다. 그러나 문제는 이렇게 크게 설계된 설비로는 미세 운전에 한계
가 있다는 것이다(Draft는 외부 온도에 영향을 받아 변동되므로, 실제로 밤과 낮의 기온차에 따른
Draft변화에 따른 미세 조정이 뒷받침 되어야 함). 그러니까 소 '잡는 칼로 닭을 잡을 수

없는' 이치로 생각하면 쉽게 이해될 수 있겠다. 특히나 여러 가열로가 Common Stack에 맞물려 운전되는 경우에는, 더욱 더 Draft Balance 미세 조정이 어렵게 된다.

또한 Stack Damper의 실제 모양을 보면, 그림 4.17과 같이 Damper Blade의 열팽창을 고려하여 Damper Blade와 내화물 표면 간격을 최소 2 inch 이상 유지하도록 설계되므로, 이렇게 큰 공간으로 대량의 Flue Gas가 빠져나가는 상황에서 미세 조정이 어려울 수밖에 없다.

그림 4.17 ▌ Stack Damper Blade와 내화물간 간격

Damper의 Opening 각도 대비 Flow Rate를 Graph로 표시하면 그림 4.18와 같으며(Opposed Blade 배열 – Parallel Blade 배열은 Control 범위가 더 열악하여 30% Opening에 Flow 90%), 점선으로 표시된 바와 같이 30% Opening만으로도 이미 70% 이상의 Flow가 형성되며, 이 상태에서 Opening을 조절하더라도 Flow 변화량은 변동이 거의 없게 된다.

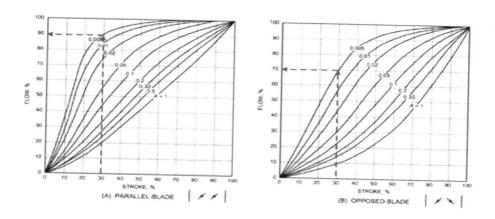

그림 4.18 ▌ Blade 배열 형태에 따른 Flow 변화 비교 Graph

2) 개선 방안 검토

따라서 Stack Size 및 Damper의 설계는 향후 증량 운전 등을 고려하여 Code를 준수하여 설계될 수밖에 없음을 인정하고, 정상 운전 중 좀 더 미세하고 정확한 Control이 가능하기 위해서는 그림 4.19와 같이 Damper의 Blade에 별도의 Actuator를 각각 설치하여 평상시에는 노란색 Damper Blade는 거의 닫힌 상태에서 운전되고, 초록색의 일부 Blade만 미세 Control 용도로 활용하는 방안을 도입하는 것도 고려해볼만 하다.

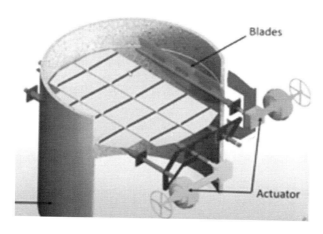

출처 : FIS Webinar

그림 4.19 ▌ Blade 개별 Control 방안 적용에 의한 미세조정 가능

4.2.7 Even Distribution & ΔP Reduction

가열로는 연소공기와 Flue Gas의 원활한 흐름이 형성되도록 설계되어야 하는데, 실제 운전을 수행하다 보면, 많은 경우 설계 Data와 실제 운전 값에서 많은 차이가 발생되며, 이를 바로 잡기 위하여 적지않은 인력과 시간이 부가적으로 투입되는 비효율성이 발생될 뿐만 아니라, 안전에도 치명적인 위협요소가 된다.

1) Burner 연소 공기 공급 불균형 문제점

가열로에는 대부분 다수의 Multi-Burner가 장착되며, 각 Burner의 연료 공급은 동일하게 유지되어야 하고, 또한 각 Burner에 균등한 연소공기가 공급되어야 한다. 연료의 경우 배관 Header 압력이 높아서, Symmetrical 배관 구조이면, 균등한 연료 공급에 큰 문제는 없으나, 연소 공기는 아주 낮은 압력에서 Flow가 형성되기 때문에, 외관상 Symmetry 구조라고 하더라도, 균등한 분배에 어려움이 있을 수 있게 된다. 특히 Balanced Draft로 운전되는 Burner는 연소공기 분배를 위한 Duct 및 Plenum이 장착되는데, 많은 경우 연결 Duct의 진입 방향 및 각 Burner간 이격 거리에 따라 균등한 분배가 이뤄지지 못하는 현상이 발생하게 된다. 그림 4.20은 둥근 형태의 Burner Plenum에 12개의 Burner 가 장착된 형태를 보여주고 있는데, 각 Burner의 Air Register Opening을 균등하게 유지하였음에도 불구하고, 실제로 공급되는 연소공기는 Burner 별로 큰 차이를 보여주고 있다(짙은색 막대 그래프).

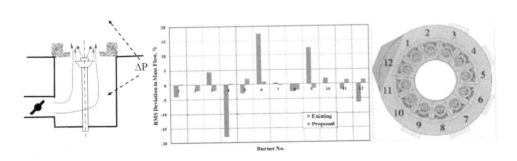

그림 4.20 ▎ Duct 형상 및 Flow 편심에 의한 각 Burner 별 연소공기 공급 불균형

이것은 둥근 Plenum으로 진입되는 Duct 부위가 원심방향으로 위치하여 Burner #1 쪽으로는 흐름이 빠른 대신에 #12 쪽으로는 턱없이 부족한 모습을 보여주고 있기 때문이다. 또한 유속이 너무 빨라서 연결 Duct의 반대편에 위치한 #6 Burner로 대부분의 연소공기가 공급되게 된다. 통상적으로 이러한 불균형이 발생되면, 위 그림 오른쪽에 표시된 연소 공기의 ΔP를 측정하여(Burner Casing 외부에 Manometer를 설치함), 측정값에 맞추어 Burner Air Register를 조정하게 된다. 그러나 Burner가 여러 개인 경우에는 이러한 조정작업이 매우 어렵게 된다. 왜냐하면 설사 Burner 1개를 적절하게 맞춰놓았다 하더라도, 다음 번 Burner를 조절하는 순간, 이미 조정해놓은 Burner에 영향을 미치게 되며, 결국 다수 Burner의 전체적인 Balance를 맞추는 작업은 끊임없는 노력과 시간을 요하기 때문이다.

2) CFD(Computational Fluid Dynamics) Study

따라서 이렇게 불균형에 의한 문제점이 지속될 때에는 신속하게 외부 전문가의 도움을 받아, Computer Simulation에 의한 정확한 진단과 해결 방안을 모색하는 것이 좋다. 아래 그림 4.21은 연소 공기 공급 불균형 현상을 해소하기 위하여 Burner로 진입되는 Duct의 곡관부 내부에 Baffle Plate를 삽입한 모습으로서, CFD(Computational Fluid Dynamics) 결과 분석에 기반하여, 각 Burner로 공급되는 연소공기의 흐름이 균일한 것을 알 수 있다.

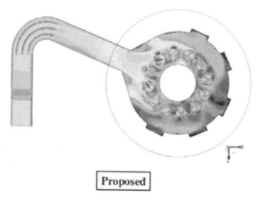

Proposed

그림 4.21 ▮ Duct 곡관 부위에 Baffle Plate를 삽입하여 Flow 편심 및 불균형 현상 해소 CFD Modeling

또한, 그림 4.22와 같이 문제되는 Duct나 Stack에 Baffle Plate나 Perforated Plate 추가 등, 적절한 개조작업을 통한 연소공기의 균등 분배, 그리고 과도한 압력 강하 감소 등의 해결책을 수립하여야 한다.

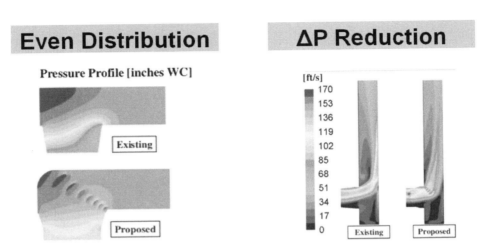

그림 4.22 ▎Duct 곡관 부위에 Baffle Plate를 삽입에 의한 Even Flow 및 Stack 입구 압력강하 감소

참고로, 그림 4.23을 통하여 연소 공기 분배 Duct 설계에 대한 기본 개념을 알아보도록 하자. 통상적으로 아래 그림처럼 유량에 따른 분지관 크기만 고려하여 Duct 형상을 설계하게 되는데, 유체의 속도 및 유량 변화에 따라 Burner로 유입되는 분지관 입구에서 Vortex가 발생된다. Vortex가 발생되면, Air Pocket현상을 유발하므로, 특정 Burner로 유입되는 연소 공기 유량이 감소되는 결과를 초래하게 된다. 따라서 이러한 현상을 해소하기 위해서는 설계사로 하여금 균등 분배에 대한 계산 확인 및 필요에 따라 CFD Study를 수행토록 요구하는 것이 좋다.

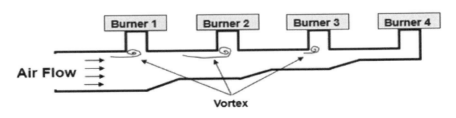

그림 4.23 ▎Vortex 형성에 의한 Burner Duct 연소공기 흐름 제약

4.2.8 Safe Firing 절차

가열로 가동(Start-Up, S/U) 및 정지(Shut-Down, S/D)에 대한 기본 절차를 준수하여 혹시라도 발생될 수 있는 화재, 폭발 등의 예기치 않은 사고를 예방하는 것이 중요하다. 참고로 아래 절차는 미국의 Chevron 정유회사에서 소개된 내용이다.

1) 폭발 위험성

가열로 내부에 연료와 연소공기가 적절한 비율로 혼합되어 있고, 여기에 점화원이 존재할 때 발생된다. 이러한 폭발 혼합성분은 아래와 같은 경우 발생된다.

① 가열로 내부에 점화 Torch를 도입하기 전, Purge 부족

② 점화 Torch 도입 전, Burner 연료 공급

③ 점화 실패 혹은 지연

④ 재점화 이전 충분한 Purge 미흡

⑤ 연료 배관 내부 N_2 혹은 Liquid 제거 불량

⑥ 정지 중인 가열로에 연료 공급(가동 가열로와 착각)

⑦ Flame Out에도 불구하고 Pilot 재점화 실패 및 지속적 연료 공급

⑧ Start-Up(S/U) 중 과도한 Draft 형성에 의한 노내 온도 급격 하강으로 Flame Out

⑨ 연료 압력 과다로 Flame Lift 현상에 의한 Flame Out

⑩ Burner 개별 연료 압력을 Pinch운전하여 안전운전 압력 범위를 벗어나 Flame Out

⑪ 연소공기 공급 불균형(특히 FDF, IDF 장착의 경우)

⑫ 연료 성상의 급격한 변화에(H_2 함량 증가 등) 의한 Flame Out

2) 가동(Start-Up, S/U)

(1) 연료계통 점검

- Main Fuel Gas Header Blind 체결 확인
- 개별 Burner Fuel Gas Line 잠금(Close) 상태 확인
- Pilot Burner 및 Waste Gas Burner로 공급되는 Fuel Gas Line 잠금 확인

(2) 연료 배관 Purge 및 Drain(이물질 및 Liquid 제거)

- Main / Pilot Fuel Gas 배관 Purge 및 Drain (Steam 사용 금지 - 이물질에 의해 Burner Tip Plugging 됨)
- Knock Out Pot 및 Instrument Pot 등 Drain
- Header N_2 Purge(O_2 Free 될 때 까지 Main Blind에서 Header End 쪽으로, Purge 압력 약 60 psig)
- Blind 개방(O_2 Free 까지), N_2 연결 탈거, N_2제거 완료될 때까지 TCV (Temperature Control Valve) by-pass Open
- 점진적인 가압을 통하여 Header 및 Pilot 배관 Leak 점검(개별 Main / Pilot Burner 연료 Valve는 Close 상태 유지)

(3) Firebox

- 연료 배관 정상 압력 확인 후, 노 내부, Air Preheater, Duct 등 주요 부위 Sampling 검사(LEL의 1% 미만으로 유지되는 지 확인)
- Purge(Natural Draft는 최소 15분 Steam Purge, FDF/IDF는 최소 15분 Fan 가동)

(4) 점화

- Process 및 Utility 배관 내 적정 Flow 확인
- FDF/IDF 조절 및 Steam Purge Close 확인
- 적정 Draft 유지 및 Burner Air Register Opening 개방 확인
- Torch 점화 후 곧바로 Burner 점화 구멍으로 삽입, Torch Flame 안정 육 안 확인 및 필요시 Draft 조정

- 연료 공급 및 Pilot Burner 점화 확인 후 Torch 제거
- 인접 Burner에 대하여 상기 방법 동일 적용
- Fuel Gas Header 압력을 By-Pass 활용하여 최소값으로 유지. 개별 Burner 연료를 Pinching 하면 안 되며, 반드시 Full Open
- 만약 점화에 실패하였거나, Flame이 불안정할 경우 즉시 연료를 Close하고 노 내 Purge 작업 수행

3) 정지(Shut-Down, S/D)

(1) 계획된 가동 정지, Planned S/D :
- Main 연료 차단 후 즉시 Blind 작업 수행(운전 상황에 따라 Pilot는 정상 운전될 수 있음)
- 노 내부 Purge 수행(Steam 혹은 Air 활용)
- 노 내 온도가 식을 때까지 Process는 순환되도록 해야 함

(2) 비상 가동 정지, Emergency S/D
- Main 및 Pilot 연료 차단 후 즉시 Blind 작업 수행
- 안전을 최우선으로 절차 수행(연료 절감 등 경제성 고려 사항은 후순위임)

APPENDIX

부 록

우리는 매일 시시각각으로 발전하는 세계에 살고 있다. 그리고 발전 속도는 엄청난 가속도의 모습을 보여주고 있다. 그래서 매일 공부하고 고민하지 않으면, 이러한 발전의 가속도를 따라잡을 수 없게 된다. 특히 평소 다져놓은 탄탄한 Networking을 통하여 동종 업계의 개선 사례나 사고 사례 등을 신속하게 공유하여, 간접 경험으로나마 성능 향상과 안전 확보에 뒤처지는 일이 없도록 하여야 할 것이다. 산업계에 종사하는 사람으로서, 항상 좋은 일과 궂은 일을 함께 나누어 서로 발전하고, 나의 불행이 남에게 반복되는 어처구니없는 일은 없어야 할 것이다.

여기 부록으로, 해외 잡지에 기고했던 개선 사례 및 사고 사례를 소개하고자 한다. 언어의 불편함과 제약에도 불구하고, 굳이 해외 잡지에 기고한 이유는, 이왕이면 더 많은 사람들과 공유해보고 싶은 욕심 때문이었다. 아래에 각 기고 내용에 대한 간략한 설명을 덧붙였다.

APPENDIX 1. Conserve Energy for Fired Heaters

Ethylene Furnace의 장시간 운전으로 인한 복사부 내화물 손상 및 성능 저하 문제점에 대하여, 가능한 짧은 시간 내에 저렴한 비용으로 복구작업을 수행하였던 사례이다. Ceramic Fiber의 손상은 주로 표면의 Crystallization 현상에 기인하는데, 표면의 손상된 부위를 일부 제거하고, 대신 새로운 Blanket Layer를 Veneering 형태로 덧대어 과다한 열손실 방지와 성능 회복을 달성했던 정비 방법이다.

Conserve energy for fired heaters

Advanced ceramic fiber veneer insulation reduces heat losses and is more resilient

H. YOON, SK Innovation, Ulsan, South Korea

As energy costs increase, more hydrocarbon processing companies will focus on new technologies to save energy and reduce heat loss. The petrochemical industry uses many fired heaters. These furnaces and heaters consume significant levels of energy. Energy consumption is a major cost component, and it is a determining factor for industry and facility competitiveness.

New furnace linings are more efficient than older designs. Advanced linings are also more energy-efficient insulating materials. However, for older design fired heaters, total thermal efficiency is usually low, and hot spot problems occur due to partially worn-out refractory, which is less energy efficient and can increase heating costs.

Consequently, maintenance engineers must find ways to conserve fuel so that the facility can remain cost competitive and profitable. With higher energy costs, investments for new thicker (more insulating) furnace linings are easily justifiable. However, the turnaround timing and shutdown production loss can be equally significant hindrances.

Alternative method. In this case history, an ethylene unit experienced a significant temperature rise within a few months to a scheduled turnaround. If no proper maintenance for the refractory is done during the scheduled turnaround, the long-term low-efficiency operation would continue until the next turnaround. In addition, no planned maintenance work items or materials packages for the refractory lining were scheduled in the upcoming turnaround. Serious thoughts and consideration were directed on what proper actions could be taken at this time. What actions could this ethylene facility use to resolve this unforeseen development while still adhering to the scheduled shutdown and budget?

Fortunately, there is a way to improve the energy efficiency of existing fired heaters without a long-term shutdown to upgrade or replace the existing refractory. Revamps of furnace linings can be done by applying a veneering system over the existing refractory. It is reported that this technology has been adopted by the steel applications for many years. However, the petrochemical industry has resisted the new lining solution mainly due to fears of the veneering peel during operations. In the case of total insulation replacement with ceramic fiber modules, insulation performance will improve. But high lost-production costs from long shutdowns to dismantle existing linings, weld new studs and install the lining systems were prohibited.

Conversely, another method to conduct necessary maintenance work within the allotted time was needed. In this case, the better alternative strategy was to apply a ceramic fiber veneering module system. The insulation can be improved with minimum production disruption. In addition, material costs can be reduced by 20% to 30% and increase the reliability of the furnace insulation. Retrofitting the ethylene furnaces with the ceramic–fiber veneering provided multiple benefits. It would increase energy efficiency and reduce maintenance costs. More importantly, it could be installed without extending the scheduled turnaround and minimize lost production costs, as summarized in Table 1.

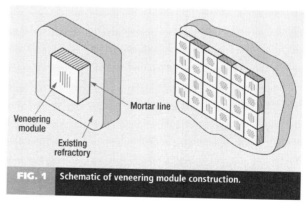

FIG. 1 Schematic of veneering module construction.

TABLE 1. New refractory vs. veneering

	Work sequences	Experience	Cost, $ million	Schedule, day	Reliability	Risk
New refractory	1. Demolition 2. Anchor weld 3. New refractory	Mostly accepted practices	500	25	Good	Low
Veneering	1. Surface preparation 2. Mortar 3. Veneering module[1]	Very few; used in steel industries	200	15	?	High (peel-out)

[1] 2 in. to 4 in. thick ceramic fiber (121 lb/ft^3 density), 300 X 300 mm module

Quality application. Despite clear advantages in both cost and schedule, caution is warranted when using veneering modules over a prolonged operation period. The key aspect of a veneering application is to minimize the risk level.

In this regard, simulated shop tests should be conducted to confirm the bonding strength before it is applied to the actual fired heaters. From the shop tests, effective installation procedures can be developed for quality assurance. Critical points to be investigated as part of the shop testing include:
• Reviewing the mortar consistency, especially in the mixing rate and troweling method
• Preparing modules—proper layout and placement of modules
• Checking bonding strength after dry-out.

As for the actual field application, it is very important to ensure the structural integrity of the existing base refractory to have a proper bonding strength. If the surface to be veneered is smooth, level and structurally sound, the only surface preparation required will be brushing the surface to remove any loose dust or particles. If the surface is covered with any form of oxide or glaze coating, it is necessary to remove this coating by either chiseling or sand blasting the surface before the veneering is applied, as shown in Fig. 2.

The final stage of construction is the commissioning of the lining. If there is moisture in the mortar, then the residual moisture will generate the steam in the mortar layer during heat-up and crack the mortar. This cracking can seriously separate the veneering from the existing refractory. To ensure the bonding strength of the mortar, following the dry-out procedures is crucial:
• The mortar holding the modules to the furnace lining should be allowed to dry before the installation is brought up to operating temperatures.
• The veneered furnace should be warmed to 250°F–350°F and maintained at this temperature for at least six hours before increasing to operating temperature.
• Heating rates after drying on the initial heat up should not exceed 100°F/hr when increasing to operating temperatures.
• Heating rates after drying on the initial heat up should not exceed 100°F/hr.

TABLE 2. Summary of casing temperature—before and after veneering installation

	South wall		East wall		West wall	
	Before	After	Before	After	Before	After
Emissivity	1	1	1	1	1	1
Avg. temperature, °C	166.2	113.9	68.1	60.9	65.2	57.1
Min. temperature, °C	25.4	22.4	66.7	58.6	62	48.3
Max. temperature, °C	301.7	212.2	69.5	62.4	66.9	58.4

TABLE 3. Energy savings calculation for retrofitted ethylene furnaces

	Before veneering	After veneering	Remarks
Casing temperature, °C	88	75	Average wall temperature
Heat loss, Btu/ft²	462.07 [1]	347.76	
Total loss/day	$1,591 [2]	$1,198	Total surface area, 600 m² Fuel unit price, $0.87/l
Total saving/yr		$143,445	

FIG. 2 Installing a veneering module.

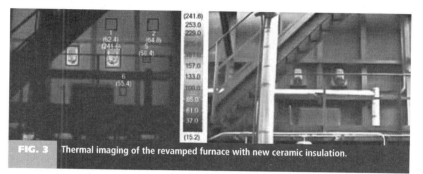

FIG. 3 Thermal imaging of the revamped furnace with new ceramic insulation.

Results. After three months of operation, an inspection and performance check of ceramic-fiber veneering modules was conducted. An infrared camera was used to check the fired- heater casing temperature, as shown in Fig. 3. Table 2 summarizes the casing temperatures of the heaters before and after the turnaround. "After" refers to the post-installation of the veneering modules within three months after start-up.

As evident from the infrared camera inspection report (Fig. 3), the heater casing temperatures significantly dropped from 88°C to 75°C. This temperature reduction translates into a major energy cost saving of $143,445/yr, as summarized in Table 3. This represents a 0.3% reduction of total energy input to the fired heaters.

Overview. All of the veneering work for the three ethylene furnaces was successfully done without any quality problems within the scheduled 15-day shutdown. The ethylene facility improved energy efficiency with a total savings 0.3%. The insulation effectiveness was achievable by using monolithic shape veneering modules of the highest density (greater than 12 lb/ft^3).

The ceramic-fiber veneering module system is not a new invention or technology product. However, this insulation upgrade system has not been fully embraced by the petrochemical industry. Fears over low reliability undermine the merit and energy efficiency for ceramic-fiber veneering systems.

As shown in this case history with a time-constrained turnaround, the proper application of veneering will decrease heat loss, improve reliability and save installation time. As seen in this experience, the veneering module system could be a good alternative. **HP**

BIBLIOGRAPHY
Reed, R. D., Furnace Operations, refer to Table 3–2.

Hyunjin Yoon is the team leader of stationary equipment engineering with SK Innovation at its Ulsan Complex in South Korea. He has over 25 years of petrochemical industry experience. Mr. Yoon has a wide range of experience in fired-heater design, troubleshooting and maintenance works. He is credited with major roles and involvement in the development of various maintenance procedures of stationary equipment. Mr. Yoon graduated with an MS degree in material science and engineering from Stanford University.

APPENDIX 2. Corrosion Burner Flexible Hose

Burner의 연료 배관으로 Stainless Steel 재질의 Flexible Hose를 사용하는 경우, 부식에 의한 연료 누출 및 화재 사고 가능성을 방지하기 위한 방안을 소개하였다. Flexible Hose는 Rigid 배관에 비하여 비용, 편의성 등 많은 장점을 가지고 있지만, Hose 내부 Bellows 두께가 얇기 때문에, 부식에 취약한 단점이 있다. 특히, 운휴 중인 Burner의 경우에는 Flue Gas 응축에 의한 Condensate가 Flexible Hose 내부에 응축되므로서, 단시간 내에 Bellow 부식을 유발하게 되므로, 주기적인 점검 등 Flexible Hose 관리에 세심한 주의가 필요하다.

Corrosion in Flexible Burner Hoses

Special care must be taken to avoid corrosion in flexible hoses for burners. This failure analysis illustrates the mechanism and provides recommendations

FIGURE 1. A cutaway view shows the stainless-steel construction of core bellows tube with wire braid outside

TABLE 1. SPECIFICATIONS OF FLEXIBLE HOSE AND BURNER TIP

	Material	Specification	Remarks
Flexible hose with AISI Type 304 wire braid	AISI Type 304	Size 0.5 in., 0.26-mm thickness, AISI Type 304 strip annularly corrugated tube	See Fig. 1
Burner tip	300 series stainless steel	Casting (1,800°F resistant)	See Fig. 2

Hyunjin Yoon
SK Innovation

Piping leakage due to corrosion has the potential to cause catastrophic fires and damage to process equipment in petroleum refining and other chemical process industries (CPI) facilities. When such incidents occur, a large amount of damage and a long downtime results. Despite the risks, mistakes are often repeated in the way burner piping is designed and used.

Using the failure-analysis investigation of a specific refinery fire to illustrate, this article describes the problem of corrosion-related leakage in flexible burner hoses, and provides recommendations on burner-piping design criteria. It also discusses remedial measures, as learned from the investigation, that can be taken to help avoid future accidents.

Flexible hoses in burner systems

Flexible hoses have several specific advantages when used in the design of pipe work. Among the advantages are the hoses' ability to absorb vibration and operate effectively under high pressure. However, the most important advantage to the present discussion is the ability of flexible hoses to be adjusted easily. When employed in burner piping for fuel oil, atomizing steam or fuel gas, flexible hoses are generally used for the purpose of burner-gun positional adjustment. Flexible hoses permit a more economical installation compared to rigid piping in difficult locations — when connected to flexible hose, it is relatively easy to adjust the elevation or orientation of a burner gun without any mechanical modifications in burner piping. Flexible hose for burner piping is common in the petrochemical industry, because it allows easy fit-up of burner piping during installation, and allows for the minor misalignment of components. Also, flexible hoses allow more convenient maintenance. Information on the size, thickness and flange characteristics of flexible hose are found within the design specification, ANSI LC1-2005, CSA 6.26-2006 (Fuel Gas Piping Systems Using Corrugated Stainless Steel Tubing).

Made from stainless-steel strips, the inside tube of a flexible hose is annularly corrugated tube manufactured by continuously processing the material on a high-speed, automatic-forming machine. The geometry of the corrugations gives the flexible metal hose excellent hoop strength, providing superior resistance to collapse when exposed to high pressure. After the initial processing, the flexible hose is annealed in a furnace without oxidation to completely eliminate residual stresses. The outer covering is made from a stainless-steel wire braid which provides the necessary protection from abrasion (Figure 1).

The burners in the cases descrbed here are combination oil- and gas-firing, which are designed to operate with both liquid and gas fuels. Fuel-gas burner tips (Figure 2) are made from high-temperature metal alloy casting, because they are typically exposed directly to the heat source (flame) in the radiant box of fired heaters. The burner components, including the burner tip, are designed in accordance with the minimum requirements as shown in API standard 560 (Fired Heaters for General Refinery Service).

The use of flexible hoses in burner systems also carries some limitations. Compared to rigid piping, flexible hoses (corrugated tube) are formed out of thin-walled tubing. One of the most serious drawbacks of flexible hose is that their thickness (0.26-mm) is not sufficient to withstand corrosion in cases where the hose is not completely chemically resistant to the media to which it will be exposed. Corrosion then becomes a serious concern, and engineers need to account for non-obvious sources of corrosive materials and various corrosion mechanisms.

Once corrosion is initiated, the life of corrugated flexible tube becomes very short. The use of corrosion-resistance charts published by manufacturers of piping components, such as pipe fittings, flanges and others, is not recom-

FIGURE 2. A new burner tip needs to have the proper size and orientation, as specified on the burner drawing

FIGURE 3. This failed flexible hose shows corrosion-induced pinholes

FIGURE 4. Plugged tips will lead to unstable flames, flame impingement and pollution problems

mended for flexible metal hose because these other "regular" pipin▉ nents generally have much ▉ wall thicknesses than corruga▉ hose, and therefore may have ▉ corrosion rates that would be ▉ able for the flexible hose.

Regarding cost compari▉ tween flexible hose and rigi▉ — especially for 1-in. burn▉ ing — the price of stainle▉ flexible hose is about twice ▉ carbon-steel rigid piping. ▉ the installation cost of the rig▉ is about three times higher t▉ is required for flexible hose, ▉ ▉▉ rigid piping requires special fit-up and welding. So although flexible hose may seem economically advantageous at the installation stage, the longer-term costs of maintenance and safety must be taken into account, especially if there is a possibility of corrosion.

Piping leaks cause a fire
The following is an account of a fire around the burner piping at a petroleum refinery, and of the subsequent investigation and failure analysis that identified dew-point corrosion as the major factor in the pipe's failure and the resulting fire. The situation described here has parallels to other facilities using flexible hoses as burner piping.

During the start-up of a fired heater, right after a turnaround in a petroleum refinery, there was a severe fire around the burner piping that heavily damaged neighboring equipment and caused unscheduled downtime for a long period, mainly due to the fire damage of instrument cables. After putting out the fire, further investigation showed that the flexible hoses used for fuel gas were leaking. Similar to many refinery fires, the incident started with a single problem of piping leakage. Without an intermediate step, the pipe exploded and the fire spread to the rest of the main equipment, including the instrument cables.

The process details were as follows: operating fuel-gas pressure of 1.2–1.5 kg/cm^2; operating fuel-gas temperature of between 30–60°C; fuel-gas composition of 69% H_2, 10% ethane, 8% C_3H_8, and 13% other components, but no critical toxic components. The system was designed to operate with either oil or gas, but could not use both fuels simultaneously.

When investigators visually observed the flexible hose bellows (corrugated stainless-steel tube) for initial clues, they found many small pinholes, especially at the bottom section of the tube, as depicted in Figure 3. The pinholes are characteristic of pitting-type corrosion, where localized metal-thickness loss occurs, leaving pits. Detailed specifications of flexible hose and burner tips are described in Table 1. In addition to the pinholes on the bottom outside surface of the flexible tubes, other initial visual observations included the following:
- Liquid stagnation marks were noticed at the bottom of the corrugated tube
- Severe thinning and pitting were noticed at the bottom area on the internal surface of the corrugated tube
- The region near the pits, which is thinned due to corrosion, showed layers of deposits over the surface
- The failed portion of the tubes contained pitting holes, which had per-

forated the tube initiating from the inside surface. The perforation made holes approx. 1–2 mm that were surrounded by thin pits, as depicted in Figure 3
- The top part of the gas tip was melted out, and there was severe coke built-up inside of the gas tip as depicted in Figure 4
- Gas tip holes were melted, plugged and eroded

Regarding the melted fuel-gas tip and severely plugged gas-tip holes (Figure 4), investigators found that, upon reviewing the maintenance history, the fuel-gas burner tips had been frequently replaced during operation due to severe damage. In general, because burner tips are custom-designed in number, size and in the angle of the tip holes for specific applications (Figure 2), the damaged burner tip will result in undesired flame characteristics, including length and size, as well as low performance in operation, such as higher NOx emissions.

Failure analysis
Engineering failure analysis has two major objectives: to determine the failure mechanism and to determine the failure root cause. The failure mode is the basic material behavior that results in the failure, for example, pitting corrosion. The root cause is the fundamental condition or event that caused the failure, such as material defects, design problems and improper use. The present investigation of the failed flexible hoses considered several possible reasons for the tube failure. They include the following:
- The wrong material of construction was selected, or had an abnormal composition
- The flexible tube was installed improperly
- The corrugated flexible tube was damaged due to kinking or excessive bending
- A process upset occurred, where

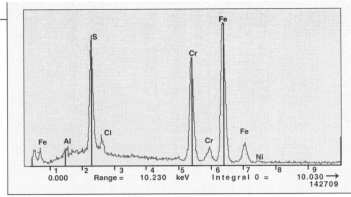

FIGURE 5. EDX analysis can help identify the chemical species in the deposits inside the failed tube

temperature or pressure were higher than the design conditions
• Corrosion due to a corrosive chemical species not related to the material of construction

The chemical composition of the corrugated tube was reviewed, and a metallurgical analysis conducted. The chemical analysis confirmed that the material of construction (MOC) of the flexible hose tube was Type 304 stainless steel, which is the correct MOC for the design fuel gas composition, and the failed tube satisfied the ASTM International specification for AISI Type 304 stainless steel. Also, no abnormalities were noticed in the tube metallurgy, so tube failure due to the wrong material of construction was ruled out. Similarly, there was no evidence of incorrect installation, such as kinking or twisting of the flexible hoses. In accordance with API RP535 (Burners for Fired Heaters in General Refinery Services), the flexible hoses were installed within their designed radius of curvature.

EDX and corrosion

Attention then turned to corrosion as ultimate cause of the accident. Because the corroded pits were found on the corrugate tube, it was necessary to carry out EDX (energy-dispersive X-ray spectroscopy) in an effort to identify the component of corrosion from the deposit scale on the inside of the tube. EDX is an analytical technique used for the elemental analysis or chemical characterization of a sample. The EDX studies were carried out to determine the elemental compositions of the matrix and the deposits and scales on the failed tubes. The EDX profile (Figure 5) of the failed tube shows iron, sulfur

and chromium in very high concentrations. The results of EDX studies indicate that there was substantial incorporation of sulfur compounds in the corrugated tube inside during operation. Sulfur and chloride helped cause the corrosion, while Cr, Fe, Ni resulted from the corrosion. The pitting corrosion is caused by the effects of sulfur and chloride, especially when they are present in hydrous solutions. Attack on the material is affected by chemical concentration, temperature and the type of material from which the corrugated tube is manufactured.

Stagnation of fuel gas condensate during heater operation may increase the corrosivity of the environment, and reduce stability of the protective surface films and increase susceptibility to metal loss. Most stainless steels form a protective film of stable oxides on the surface when exposed to oxygen gas. The rate of oxidation is dependent on temperature. At ambient temperatures, a thin film of oxide is formed on the stainless steel surface. In accordance with the corrosion resistance charts published by NACE (National Association of Corrosion Engineers), it is not recommended for Type 304 to be used with sulfuric acid and sulfurous acid.

A number of key findings arose from the EDX analysis, including a relatively large amount of sulfur, despite the fact that the fuel gas contains virtually no sulfur at all. This implies that the main cause of the corrosion may not be related to the fuel gas itself. The sulfur content in fuel gas is only 10 ppm, so the fuel-gas condensate is not likely to have caused the corrosion. Tube failure due to fuel gas was ruled out.

Dew-point corrosion

Given the evidence of sulfur from the EDX, the question becomes, what is the source of the sulfur? In approaching the corrosion issue, we must look into the fluegas side, as well as fuel gas itself, to find the source of the sulfur. It is crucial to understand the mechanism of fluegas acid dew-point corrosion. It is very important not to cool the fluegas below its acid dew point because the resulting liquid acid condensed from the fluegas can cause serious corrosion problems for the equipment. During oil firing, the gas burner is not in operation, however the gas guns are placed in the burner and the gas tips are exposed to the hot fluegas in the radiant box. One of the most striking features of this combustion process is that the fluegas penetrates through the idling fuel-gas tip holes, and collects inside of the corrugated tube.

To explain the fluegas flow mechanism, and why fluegas enters the burner gun, it is helpful to use Charles' Law of gas volume — at constant pressure, the volume of a given mass of an ideal gas increases or decreases by the same factor as its temperature on the absolute temperature scale. The hot fluegas continuously flows into the burner gun and into the corrugated tube due to the gas-volume difference between the hot burner-tip area and cold flexible-hose area. Once the fluegas stays inside the corrugated tube, then the fluegas becomes condensate when the temperature drops below the dew point. The fuel oil contains sulfur at a concentration of 0.3 wt.%, and the combustion of fluegases may also contain small amounts of sulfur oxides in the form of gaseous sulfur dioxide (SO_2) and gaseous sulfur trioxide (SO_3). The gas-phase SO_3 then combines the vapor phase H_2O to form gas-phase sulfuric acid (H_2SO_4), and some of the SO_2 in the fluegases will also combine with water vapor in the fluegases and form gas-phase sulfurous acid (H_2SO_3) :

$$H_2O + SO_3 \rightarrow H_2SO_4 \text{ (sulfuric acid)}$$

$$H_2O + SO_2 \rightarrow H_2SO_3 \text{ (sulfurous acid)}$$

The collected fluegas (gaseous acid) in the flexible hose between the gas tip and the isolation valve will continuously condense into liquid acid, because the burner piping located outside the furnace cools down to atmospheric temperature, which is far below the sulfuric acid dew point of fluegas (about 120°C at 0.3 wt.% fuel oil, depending upon the concentration of sulfur trioxide and sulfur dioxide). Eventually, the liquid-phase sulfurous and sulfuric acids lead to severe corrosion.

This explanation may be somewhat confusing, because it is generally thought that the amount of fluegas flowing through the small gas-tip holes is negligible. However, in actual field operation, especially during cold weather, we have observed more than 50 mL of condensate inside the 1-in. flexible hose when the flexible hose is dismantled after one week of operation with fuel-oil firing only (no fuel-gas firing). Therefore, there is no doubt that the failure was the result of corrosion by fluegas condensation (see Figure 6 Detail 'A' for illustration).

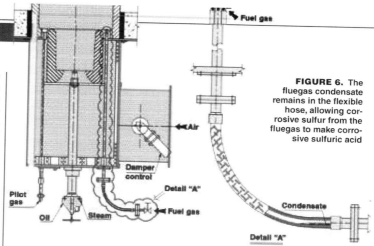

FIGURE 6. The fluegas condensate remains in the flexible hose, allowing corrosive sulfur from the fluegas to make corrosive sulfuric acid

Burner tip plugging

Liquids, particulate matter, unsaturated hydrocarbons and H_2S in fuel gas can cause most plugging problems. In order to identify the material causing the tip plugging, the fuel-gas analysis and the design review of the knockout drum that removes liquids from the fuel was carried out. However, there were no out-of-specification instances in the above-listed items. Nonetheless, the focus needed to be on the condensate from fluegas. It is important to recognize that the collected condensate will be carried over to the gas tip as soon as fuel gas is pressurized and serviced. Under continuous fuel-gas-

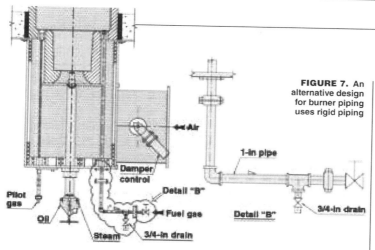

FIGURE 7. An alternative design for burner piping uses rigid piping

firing operating conditions, this may not be a problem because the tips are cooled enough by the high-velocity fuel gases flowing through gas tips. Upon switching from oil firing to gas firing, the condensate, which stays inside of the flexible hose, will automatically be delivered to the hot gas tip. This will lead to abrupt evaporation of liquid inside of the hot gas tip, and then result in plugging due to hydrocarbon coke build up, and finally to melting of the gas tip. Overheating the burner tips can cause the carbon in the fuel to thermally crack, giving rise to severe coking inside the tips, which leads to plugging of the holes.

Recommendations

Considering the above, it is highly recommended that the fuel-gas piping for combination-type burners that could possibly have fluegas condensation be designed with rigid piping (size 1 in. Schedule 40: 3.4-mm thickness) instead of flexible hose. The rigid piping is about 13 times thicker than flexible bellows tubes, as depicted in Figure 7. In real-world industrial practice, little is known about corrosion failure of rigid burner piping that may experience dew-point corrosion from fluegas condensation. It is possible that the thicker-walled piping could prolong pipe lifetime.

For gas-firing burners, the use of rigid piping is also recommended in the case of intermittent gas-firing burners that use high-sulfur fuel gas. If the use of flexible hose is not avoidable, then the material of the bellows tube should be Inconel 625, which is properly resistant to sulfur corrosion,

TABLE 2.RECOMMENDATIONS IN BURNER PIPING OF OIL-AND-GAS COMBINATION BURNER	
	Recommendations
Burner piping specification	• Rigid piping is preferred rather than flexible hose in order to prevent fuel gas leak due to acid dew point corrosion of fluegas. • Low point drain with slope is preferred in order to prevent burner tip plugging due to liquid carryover.
Code (API RP535)	• The requirement for preventing "fluegas acid dew-point corrosion in burner piping" should be clearly specified.

or stainless steel lined with PTFE (polytetrafluoroethylene) and flared-end fittings.

Periodic soap-bubble tests on the surface of the flexible hoses can eliminate the potential for accidental fires. Also, close visual monitoring can allow earlier identification of possible failures. During inspection, corrosion of a flexible corrugated metal hose can be spotted by looking for signs of chemical residue on the exterior of the assembly, or by pitting of the metal hose wall. The braid wires may become discolored from chemical attack and begin to fracture.

In order to prevent fuel-gas tip damage due to liquid carryover, a drain system at the nearest point from the burner gun should be provided at the lowest point of fuel-gas piping between the first block valve and burner tip (see Figure 7). Also, it is necessary that the activity of the liquid drain before gas firing should be strictly specified in the burner operation manual.

Considering the huge risk of damage by fire due to burner piping leakage, more consideration needs to be given to the revision of the code or specification. In case of the API RP535 2nd ed. (Burners for Fired Heater in General Refinery Services), it is highly recommended that the detail requirement for preventing "fluegas acid dew-point corrosion" should be clearly specified, in addition to the current mechanical requirement for flexible hoses (flexible hoses require special attention to avoid failure due to kinking). ∎

Edited by Scott Jenkins

References
1. American Petroleum Institute, Standard 560, Fired Heaters for General Refinery Service, 3rd ed., American Petroleum Institute, Washington, D.C.
2. Industrial Heating Equipment Assn., "IHEA Combustion Technology Manual," 4th ed., Taylor Mill, Ky., 1988.
3. Marcus, Philippe, "Corrosion Mechanisms in Theory and Practices," 3rd ed., CRC Press, Boca Raton, Fla., 2012.
4. Craig, Bruce D., "Handbook of Corrosion Data," 2nd ed., ASM International, Materials Park, Ohio, 2002.
5. Young, John, Corrosion by Sulfur, Chapter 8, of "High-temperature Oxidation and Corrosion of Metals," Elsevier Corrosion Series, Elsevier, Burlington, Mass., 2008.

Author

Hyunjin Yoon is a team leader for reliability engineering of stationary equipment at SK Innovation (110 Kosa-Dong, Nam-Ku, Ulsan, South Korea 680-130, Phone: 82-52-208-5340, Email: hj.yoon@sk.com). He received a B.S. in mechanical engineering from the Hanyang University in Korea, and an M.S. in materials science and engineering from Stanford University. He has over 25 years of petrochemical industry experience, including wide experience in fired-heater design, troubleshooting and maintenance. He has played significant roles with major companies in the development of maintenance procedures for various pieces of stationary equipment.

APPENDIX 3. Reformer Heater Convection Tube Failure

Reformer Heater의 Convection Tube 파열 사고의 원인과 대책을 재료 측면에서 어떻게 분석했는지 단계적 접근 방법을 공유하였다. 특히 Steam Generation 쪽 Boiler Feed Water 수질관리 미흡에 따른 Caustic 침적, 그리고 Flue Gas의 편심 흐름에 의한 특정 Tube의 과열로 인한 고온 Caustic Corrosion이 발생되는 Mechanism을 소개하였다.

Special Report | Corrosion Control

H. YOON, J. NAM and **S. KIM**, SK Innovation Co. Ltd., Seoul, South Korea

Evaluate the reliability of a reformer heater convection tube

Within 30 days of the startup of a catalytic reformer heater, which comprises four radiant cells with one steam-generation convection section, water leakage was detected from a convection tube. A subsequent investigation led to the shutdown of the fired heater and the opening of the convection section, which revealed a leak in a 3-in.-diameter finned tube in the first-pass coil of the convection tube bundle (FIG. 1). Two damaged areas were visually observed, one at the finned tube and another at the U-bend vertical section (FIG. 2).

An elliptical-shaped, 40 mm × 30 mm puncture was noticed on the finned tube at the 4 o'clock position (near the convection side wall), and a similar-size hole was observed near the convection end wall at the U-bend tube. Much debate has arisen about which puncture is the root cause of this failure, since it took place within a very short time.

A hydrostatic test and other necessary inspections were carried out during turn-around. Given this scenario, it is uncertain why the particular tube was severely damaged over a short time, while damage on other tubes was barely noticeable.

The root cause analysis of the steam-generation convection tube failure is described here. Such studies are necessary to prevent catastrophic incidents in refineries that could result in significant monetary loss. Also discussed are corrosion assessments and countermeasures, such as a fired heater design guide that includes recommendations from industrial practices, to share lessons learned from the incident.

Morphology of damage. Inside the tube, the localized loss in thickness in the form of pits, grooves and horizontal valleys was observed all along the tube. The loss from corrosion increased in severity closer to the puncture.

A slight expansion was measured in the U-bend tube diameter, which is a direct sign of overheating. Also, a severe thermal oxidization of fins near the puncture was observed (FIG. 3). **Note:** The length of the damaged finned tube is approximately 1.5 m.

Probable reasons for failure. The failure of the convection tube may have occurred due to one or a combination of the following reasons:
- Incorrect construction material
- Mineral content in water
- Upsets in operation
- Design.

Material of construction. Since the failure occurred at the second-row tube of the first pass in a concentrated spot, the possibility of incorrect construction material was considered:
- Metallurgical analysis of the failed tube conformed with ASTM specifications [3-in.-diameter (thickness of 5.49 mm) A106 Grade B steel pipe, as summarized in TABLE 1].
- Mechanical properties, including thickness and hardness, were within specification.
- The microstructure of the failed tube cross-section was examined and found to be consistent with anticipated phases, namely ferrite

TABLE 1. Chemical composition of tube material

	C (max.)	Mn	P (max.)	S (max.)	Si (min.)	Cr (max.)	Cu (max.)	Mo (max.)	Ni (max.)	V (max.)
A106 Grade B pipe	0.30	0.29–1.06	0.035	0.035	0.1	0.4	0.4	0.15	0.4	0.08
Old tube	0.19	0.978	0.014	0.007	0.178	0.034	0.018	0.01	0.02	0.003
New tube	0.2	1.011	0.016	0.007	0.199	0.047	0.022	0.013	0.022	0.003

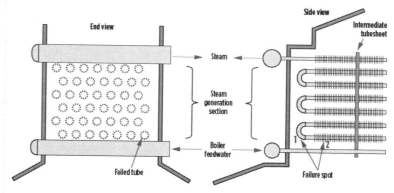

FIG. 1. Failed tube location and fired heater configuration.

and pearlite. ASTM grain size was in the range of 7–8.

As no abnormality was noticed in the finned tube metallurgy and specification, a failure due to incorrect construction material was ruled out.

Mineral content in water. Even very small amounts of dissolved minerals in the boiler feedwater (BFW) accumulate to significant solids deposits during operation. The solids should, therefore, be regularly flushed out of the boiler by blowdown.

However, depending on the mineral content of the water, these deposits would

FIG. 2. Punctures on the tube.

form hard scales on the water wall tubes, which is sufficient to raise the tube metal temperature beyond safe limits.

Liquid stagnation marks were noticed at the bottom of the corrugated tube. Based on a water analysis review of the operating procedures, it was concluded that the chemistry of the feedwater was within the specification, and also that the frequency and interval of blowdown was done in accordance with standard practice.

Since there were no problems in the plant's power boilers and waste heat boilers, which are similar in design to the BFW network, water chemistry as a cause of tube failure was ruled out.

Upsets in operation. During startup, it is likely that the intermittent unstable operation could be inevitable prior to the attainment of normal operating conditions. The following operating parameters were investigated to see if they could have led to the tube failure:

- In the first days of startup, the flowrate of the BFW was kept at approximately one-third of the design flowrate
- Simultaneously, the excess oxygen (O_2) and the draft were kept at 3.5% and high, respectively; no draft records exist for the arch elevation level
- The flue gas temperature at stack was kept 20°C higher than the design temperature.

Design. The design of fired heaters is complex and also requires good engineering practices. Every heater is custom designed to fulfill the customer's requirements and specifications. Since codes, such as API standards, normally specify basic requirements, there are significant differences in the detailed designs of each vendor, such as tube layout, structural shape, refractory design and so on. Particular design features were examined to ascertain if they could have led to the convection tube failure:

- **Tube layout.** To achieve better heat transfer, only the finned tube sections are in the convection box, and the bare U-bend tubes are separately contained in the header box. The header box is necessary for better flue gas distribution and allows for more efficient, safer maintenance. There were no header boxes at either side of the end wall; the whole convection tube bundle was contained within the convection box.
- **Presence of corbels.** The corbels are projections of refractory, a type of baffle that reflects a portion of the flue gas over the convection tubes. The corbels are normally required for efficient convective heat transfer. No corbels were present along the convection side wall.

Failure analysis. A careful examination of the failed tube section revealed that the failure was the result of rapid acceleration in the tube wall temperature. A step-by-step approach to determine the origin of failure and factors that will prevent the incident from happening again are discussed.

First of all, a visual examination of the failed part, as well as hardness testing and a metallurgical examination, were carried out. The 15-m-long failed tube was cut at every 3 m.

- The thickness reduction began at the fifth cut section (there was no

FIG. 3. Localized metal loss inside of failed tube.

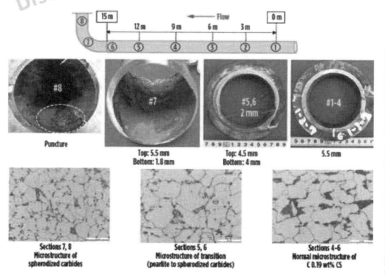

FIG. 4. Cross-section view and microstructure of failed tube at different sections.

reduction in thickness in sections 1–4), and puncture holes were found at sections 6 and 8

- Local metal loss was evident in the internal bottom portions (from the 3 o'clock position to the 9 o'clock position)
- Bulging resulted in an approximate 1% increase in tube diameter; this bulging worsened near section 8
- The fins at section 6 were thermally oxidized
- The microstructure at sections 1–4 is normal A106 Grade B steel pipe (carbon content of 0.19%); meanwhile, there is a dramatic transformation from lamellar pearlite to spherodized carbides from sections 5–8, as described in **FIG. 4**.

Several key questions needed to be answered to identify the root cause of the failure:

- Why and how was the tube heat-damaged?
- Why did only the No. 1 pass tube fail, while the other tubes remained in good condition?
- Why did the second row fail, while the other rows of tubes remained in good condition?

The BFW system is designed as a manifold. In a 14-in.-diameter manifold, there are 32 branches (two rows of 16 branches) of 3-in. tubes that collect at the 18-in. manifold. In evaluating a computational fluid dynamics (CFD) model (**FIG. 5**), there is a 40% flow difference between a No. 6 tube and a No. 16 tube, especially when the flowrate is low.

Since the No. 1 pass tube has a minimum flowrate, it should be the most vulnerable to heat damage. The less flow the tube has, the more heat-damaged it should be by the high-temperature flue gas passing through the convection section. Since the first row consists of bare tubes, their surface area is about one-sixth that of the finned tube. Although the first-row tube is located at the highest heat-temperature-exposed zone, the second-row tube is more heat-damaged because it has a larger surface area. This scenario brings up a new set of questions.

Why are the punctured holes adjacent to the convection side wall? The punctured holes are adjacent to the convection side wall and end wall, respectively,

where the convective heat flux is highest. The reason is that the bare U-bend tubes are located in the convection box, and, therefore, the flue gas flows better through bare tubes vs. densely finned tubes. In addition to the uneven flue gas distribution, there was high draft operation with 3.5% excess O_2. In spite of the 10% decrease in fired duty, the opening of an induced draft fan was kept at the same level. Due to this excess air operation, more flue gas flowed through the bare tube area, where

the pressure drop was much lower than in the finned tube. Without any proper heat transfer through the finned tube, the flue gas temperature at the stack is 20°C higher than in the normal condition.

What was the metal temperature at the failed tube? On the basis of microstructural analysis, there is a dramatic transformation from lamellar pearlite to spherodized carbides from sections 5–8. From the small-volume fraction of the carbides, the metal temperature could be

> The design of fired heaters is complex and also requires good engineering practices. Every heater is custom designed to fulfill the customer's requirements and specifications.

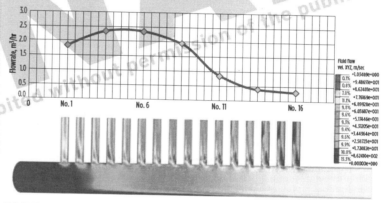

FIG. 5. Flow distribution at manifold branch, CFD analysis.

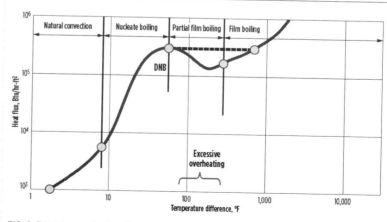

FIG. 6. Excessive overheating; the temperature difference between metal and bulk fluid.

TABLE 2. Summary of recommendations	
	Recommendations
Operation	The flowrate of the BFW should be kept above the normal operating condition.
	The excess O_2 and draft should be kept at 2% and –0.1 in. wc at minimum and at the arch, respectively.
Design	U-bend tubes should be located at the separated header box.
	A corbel should be installed along the convection side wall.

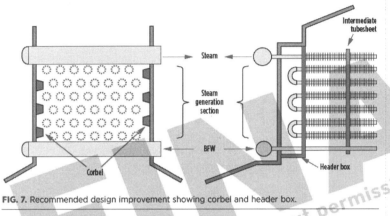

FIG. 7. Recommended design improvement showing corbel and header box.

estimated at approximately 650°C from the iron-carbon phase diagram.

The buildup of deposits inside the tube will increase when the velocity inside the tube decreases, as not enough deposits will be washed away due to the poor flowrate of the BFW. Once the inside of the tube—which contains mostly feedwater corrosion products—is fouled, the possibility of underdeposit corrosion will increase. The concentrations of corrosive solutions occur at the heat transfer surface as the result of fouling by porous deposits, such as iron oxides. These deposits are typically formed from particles suspended in BFW.

Once the corrosive concentration mechanism is started, the additional corrosion products are generated from porous deposits. The steam bubbles grow from the deposits, and the concentration of sodium hydroxide in BFW increases at the tube surface. Sodium hydroxide concentrates at the base of the deposit and leads to the dissolution of the protective oxide layer. This is called "caustic gauging," and it accelerates at high temperature.

Why is the corrosion rate so high (about 5 mm/month)? When the flow of BFW decreases, the bubbles cannot escape as quickly from the heat transfer surface. As the temperature continues to increase, more bubbles are formed than can be efficiently carried away. The bubbles grow and group together, covering small areas of the heat transfer surface with a film of steam that insulates the surface, making heat transfer more difficult.

As the area of the heat transfer surface covered with steam increases and partial film boiling begins, the temperature of the surface increases dramatically. Despite the radiation heat transfer from the metal surface to the liquid through the vapor film, there is no convective heat transfer at the steam film area. Therefore, the temperature of the metal becomes significant at approximately 650°C (see **FIG. 6**, where the X axis shows the temperature difference between the metal temperature and the bulk fluid temperature), which is almost comparable to the temperature of the flue gas. Caustic gauging accelerates at high temperature.

Recommendations. The flowrate of the BFW should be kept above the normal operating condition. Often, heater operators focus on keeping the outlet temperature of the process at the required conditions, but will sacrifice other parameters, such as steam generation, draft, excess air and fuel firing rate.

During startup, when process conditions tend to fluctuate, the cooling medium should be serviced often enough to protect the tube from overheating. For safety reasons, it is important to first ensure that the heater is operating under negative pressure. However, if there is too much negative pressure, the flue gas will exit directly to the stack without properly transferring heat through the convection tubes. If the heater radiant arch draft is kept at a minimum of –0.1 inch water column (in. wc), then all other sections of the heater should be operating under negative pressure.

The U-bend tubes should be located at the separated header box (**FIG. 7**). The header box is the internally insulated structural compartment, separated from the flue gas stream. If the bare U-bend tubes are inside the convection section, rather than inside the header box, then uneven flue gas distribution will occur. The flue gas will exit through the bare tube zone more easily than it would through the densely finned tube zone.

A corbel (**FIG. 7**) should be installed along the convection side wall. To have proper heat transfer in convective heat, the convection tubes are designed in a staggered layout. A corbel is required at the convection side wall to act as a staggered layout dummy tube, which enables proper convective heat transfer to the convection tubes adjacent to the convection side wall (**TABLE 2**). **HP**

HYUNJIN YOON is a master engineer of fired equipment at SK Innovation. He received an MS degree in material science and engineering from Stanford University in Palo Alto, California. He has over 27 years of petrochemical industry experience, including wide experience in fired heater design, troubleshooting, reliability assessment and maintenance. Mr. Yoon is credited with major roles and involvement in the development of specifications and various maintenance procedures for stationary equipment.

JINGAK NAM is a senior corrosion engineer at SK Innovation. He earned his PhD in corrosion engineering from Florida Atlantic University in Boca Raton, Florida. Since receiving his degree, Dr. Nam has worked in the refinery and petrochemical business as a corrosion engineer and metallurgist.

SUNIL KIM is a senior mechanical engineer at SK Innovation. He has been working with combustion equipment in refinery and petrochemical applications for 14 years.

그림 4.1 ▮ Good Flame 형상

그림 4.2 ▮ Flame 형상 및 색깔에 따른 이상 징후 판단 예시

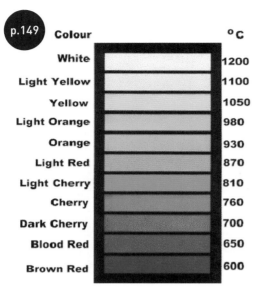

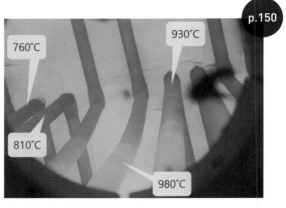

그림 4.3 ▮ 색깔에 따른 온도 추정 Chart

그림 4.4 ▮ Temperature Table을 활용한 Tube 온도 추정 예시

그림 4.5 ▮ 운전 중 가열로 내부 사진 촬영 및 평가

가열로 운전

발행일 ┃ 2022년 8월 25일

발행인 ┃ 모흥숙
발행처 ┃ 내하출판사

저자 ┃ 윤현진

주소 ┃ 서울 용산구 한강대로104 라길 3
전화 ┃ 02) 775-3241~5
팩스 ┃ 02) 775-3246

E-mail ┃ naeha@naeha.co.kr
Homepage ┃ www.naeha.co.kr

ISBN ┃ 978-89-5717-558-3 93550
정 가 ┃ 20,000원